周福霖院士团队防震减灾科普系列

中国地震局公共服务司（法规司）
中国土木工程学会防震减灾工程分会 指导

试试房子
怕不怕地震
——结构抗震试验技术

周惠蒙　刘彦辉　著

中国建筑工业出版社

图书在版编目（CIP）数据

试试房子怕不怕地震：结构抗震试验技术 / 周惠蒙，刘彦辉著．—北京：中国建筑工业出版社，2022.11（2024.9重印）
（周福霖院士团队防震减灾科普系列）
ISBN 978-7-112-28225-8

Ⅰ．①试…　Ⅱ．①周…　②刘…　Ⅲ．①建筑结构—防震设计—普及读物　Ⅳ．①TU352.104-49

中国版本图书馆 CIP 数据核字（2022）第 233053 号

地震导致房屋倒塌或损坏是造成人员和财产损失的主要原因，因此建出抗震的房子是减轻地震灾害的必由之路，而结构抗震试验是检验房屋能否抵抗地震的最有效的手段之一。结构抗震试验技术伴随结构抗震理论和设计方法的发展而发展，在此过程中先后产生了三个主要分支：拟静力试验、地震模拟振动台试验和拟动力试验。这三种方法各有其特点，可以满足大部分结构抗震试验的需要。随着21世纪大型复杂结构抗震和房屋建筑多灾害作用研究的发展，结构抗震试验呈现出大型化和多灾耦合的发展趋势，结构抗震试验技术的发展永远在路上。

责任编辑：刘瑞霞　梁瀛元
责任校对：董　楠

周福霖院士团队防震减灾科普系列
试试房子怕不怕地震——结构抗震试验技术
周惠蒙　刘彦辉　著
*
中国建筑工业出版社出版、发行（北京海淀三里河路9号）
各地新华书店、建筑书店经销
华之逸品书装设计制版
建工社（河北）印刷有限公司印刷
*
开本：787毫米×960毫米　1/16　印张：5½　字数：99千字
2023年3月第一版　2024年9月第二次印刷
定价：**49.00**元
ISBN 978-7-112-28225-8
（40183）

周福霖院士团队防震减灾科普系列丛书

编 委 会

指导单位： 中国地震局公共服务司（法规司）
中国土木工程学会防震减灾工程分会

支持单位： 中国地震局发展研究中心
中国地震学会工程隔震与减震控制专业委员会
中国灾害防御协会减隔震专业委员会

主编单位： 广州大学

主　　编： 周福霖　马玉宏

副 主 编： 徐　丽　刘彦辉

编　　委： 周惠蒙　郝霖霏　邹　爽　张　颖　杨振宇
谭　平　黄襄云　陈洋洋　张俊平　陈建秋

丛书序言

人类社会的历史，就是不断探索、适应和改造自然的历史。地震是一种给人类社会带来严重威胁的自然现象，自有记录以来，惨烈的地震灾害在历史上不胜枚举。与此同时，20世纪以来，随着地震工程学的诞生和发展，人类借以抵御地震的知识和手段实现了长足进步。特别是始于20世纪70年代的现代减隔震技术的工程应用，不仅在地震工程的发展史上具有里程碑意义，而且为改善各类工程结构在风荷载及环境振动等作用下的性能水平，进而提升全社会的防灾减灾能力提供了一种有效手段。

实际上，减隔震思想在历史上的产生比这要早得多，它来源于人们对地震灾害的观察、分析和总结。例如，人们观察到地震中一部分上部结构因为与基础产生了滑移而免于倒塌，从而意识到通过设置“隔震层”来减轻地震作用的可能性。又如，从传统木构建筑通过节点的变形和摩擦实现在地震中“摇而不倒”的事实中受到启发，人们意识到可以通过“耗能”的手段来保护建筑物。在这些基本思想的指引下，经过数十年的研究和实践，与减隔震技术相关的基本理论、实现装置、试验技术、分析手段和设计方法等均已日臻成熟。在我国，自20世纪80年代以来，结构隔震、结构消能减震、结构振动控制以及与之相匹配的各种新型试验技术作为地震工程和土木工程领域的发展前沿受到了广泛关注，取得了丰硕的研究成果，诞生了汕头凌海路住宅楼、广州中房大厦等开创性工程实践，以及北京大兴机场、广州塔、上海中心大厦等著名的代表性案例。

我国正在经历世界上规模最大的城镇化进程，而我国国土面积和人口有一半以上位于地震高风险区。过去几十年，减隔震相关技术在我国取得的跨越式发展令人鼓舞，展望未来，这些技术还将拥有更加广阔的发展前景。然而，今天的我们必须认识到，作为防震减灾最有效、最重要的手段之一，减隔震正在日益走进人们的生活，但在专业领域之外，社会公众对减隔震相关技术的认识水平和关注度尚不尽如人意。大多数公众对减隔震的概念即便不是“闻所未闻”，也仅仅停留在字面意义上的简单认知；不少土木工程专业的本科生和研究生在学习相关专业课程之前，对减隔震相关的基本概念和原理也缺乏了解。无怪乎当网友们看到上海中心大厦顶端的调谐质量阻尼器在台风中来回摆动发挥减震作用时，纷纷大呼“不明觉厉”甚至于感到心惊肉跳。与在学术和工程界受到关注的热烈程度相比，减隔震技术对于社会公众而言未免显得过于遥远和陌生了。

防震减灾水平的提升有赖于全社会的共同参与，减隔震技术持续发展的动力来源于公众和市场的接纳，而实现这些愿景的一个重要前提在于越来越多的人了解减隔震，相信减隔震。秉承这一目标，我与广州大学工程抗震研究中心团队编写了本丛书，从隔震技术、消能减震技术、振动控制技术和抗震试验技术四个角度，带领读者了解防震减灾领域的一系列基本概念和原理。

在本丛书的第一册《以柔克刚——建造地震中的安全岛》中，读者们将了解到隔震技术何以能够成为一种以柔克刚的防震减灾新思路，了解现代隔震技术发展成熟的简要过程以及代表性的隔震装置，了解各种采用隔震技术的典型工程实例。

丛书的第二册《勇于牺牲的抗震先锋——结构消能减震》将从基本概念、典型装置和代表性工程案例等角度带领读者对消能减震技术一探究竟。

丛书的第三册《神奇的能量转移与耗散——结构振动控制》聚焦一种特殊的减震装置——调谐质量阻尼器，它被应用在我国很多标志性的超高层建筑上，读者可以通过本书初步地认识这一巧妙的减震技术。

丛书的第四册《试试房子怕不怕地震——结构抗震试验技术》则关注了防震减灾技术研发中一个相当重要的方面——抗震试验技术。无论对于隔震、消能减震还是振动控制技术，它们的有效性和可靠性毫无疑问都需要接受试验的检验。本书试图通过简明通俗、图文并茂的讲解，使读者能够一窥其中的奥妙。

防震减灾是关系到国家公共安全、人民生命财产安全和经济社会可持续发展的基础性、公益性事业。减隔震相关技术经过几代人的不懈努力，正在向更安全、更全面、更高效、更低碳的方向蓬勃发展。在减隔震技术日益走进千家万户的同时，全社会对高质量科学传播的需求正在变得愈加迫切。衷心希望这套科普丛书能够为我国的防震减灾科普宣传做出一些贡献，希望我国的防震减灾科普事业欣欣向荣、可持续发展，真正能够与科技创新一道成为防震减灾事业创新发展的基石。

周福霖

2022年10月10日

前言

大地震造成的灾害极其严重，人类为此付出了极大的代价，也取得了宝贵的经验。应对地震灾害，采取预防措施是最主要的办法。预防措施的根本在于采取合理的结构抗震设计方法，提高房屋的抗震性能，避免房屋严重损坏或倒塌。随着结构抗震设计方法理论研究的深入和实际应用的发展，目前，结构抗震理论已经形成了一个庞大的科学体系，而试验研究作为结构抗震理论的重要组成部分，与结构抗震理论的发展密切相关。因此，结构抗震试验的发展也代表了结构抗震理论的发展过程。一方面，没有试验作基础，结构抗震理论难以得到验证和认可，更难以应用于实际工程；另一方面，如果抗震理论没有突破和进展，也很难对抗震试验方法提供指导并促进试验研究的发展。应抗震理论发展的需要，结构抗震试验技术产生了地震模拟振动台试验、拟静力试验和拟动力试验三个主要分支，并朝着试验规模大型化和多种灾害作用试验的方向发展。

本书介绍了抗震试验技术的起源和发展过程，以及三种主要的抗震试验方法的原理和案例，使公众了解抗震试验方法的基本概念。

抗震试验技术在不断地蓬勃发展，希望本书的出版有助于推动结构抗震试验的发展和进步，满足结构抗震技术普及的需要。

目录

I

第1章

房子抗得住地震吗？

大家好，我叫小试，“试验”的“试”，虽然公众对我们这个家族了解很少，但是我们家族对房子抗震特别重要，我先跟大家说说，我们家族为何诞生吧。

1.1 为什么要试验（试验目的）

由于地震造成的灾害是极其严重的，人类在地震灾害中付出了极大的代价，也取得了宝贵的经验，对地震灾害，采取预防措施是最主要的办法。预防措施的根本在于采取合理的结构抗震设计方法，提高房屋的抗震性能，避免房屋的倒塌和严重损坏。随着结构抗震设计方法理论研究的深入和实际应用的发展，到目前结构抗震理论已经形成了一个内容很庞大的科学体系，而结构抗震的试验研究作为结构抗震理论的重要组成部分，是与结构抗震理论的发展密切相关的，因此结构抗震理论的发展也代表了结构抗震试验的发展过程。没有试验作基础，抗震理论难以得到验证和认可，就更难以应用于实际工程，而抗震理论方面没有突破和进展，也很难为抗震试验方法提供指导及促进试验研究的发展。

小贴士：

1976年7月28日凌晨3点42分53.8秒，河北唐山发生了里氏7.8级地震。唐山大地震共造成24.2万多人死亡。2008年5月12日14时28分4秒，四川汶川发生面波震级为8.0级大地震，汶川地震共造成69227人遇难、17923人失踪，直接经济损失8451.4亿元[1]。这两次大地震带来的人员伤亡和财产损失大部分是房子倒塌或破坏导致的。

结构抗震试验研究有两个主要目的：一是对材料或结构的表现进行深入了解，发展抽象的、概括性的结构模型；二是对结构的预期反应进行验证，将已经存在的数学模型用于构件或结构模拟得到预期响应，根据试验结果对预期响应进行验证。

1.2
抗震试验是怎么来的？

下面由我给大家介绍下我们家族。

首先，通过图1-1，看看我们这个家族的成员。

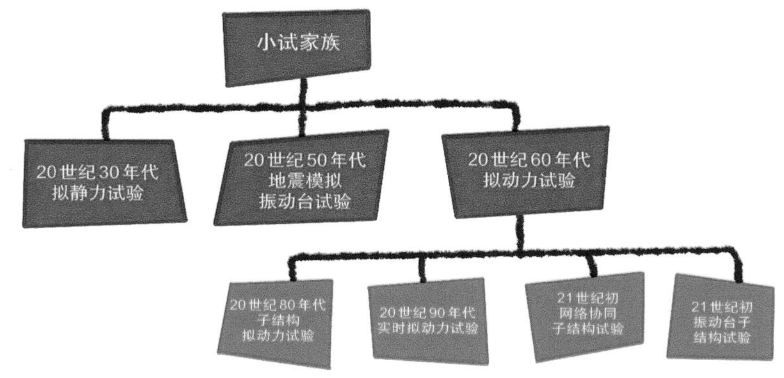

图1-1　小试家族图谱

接下来，让我介绍下我们家族的前世今生。

意大利科学家伽利略（Galileo）在17世纪进行了一个木梁弯曲试验（图1-2），伽利略做试验的木梁横截面为矩形，其长度L，一端（图中A、B）固定在墙中，另一端（图中C、D）悬挂一桶水或其他形式的重物（图中E）。伽利略对这种悬臂木梁的结构进行了分析，这是历史上首次把梁作为可变形的物体来进行研究，是最早的结构试验。

图1-2　伽利略悬臂木梁试验

18世纪，法国科学家荣格密里在一根简支木梁的横截面上开槽，塞入硬木块，如图1-3所示。试验证明，这种梁的承载能力丝毫不低于整体不开槽的木梁，而且塞入槽内的木块在荷载作用下无法取出，这证明只有上缘受压才可能有这样的结果，这一结果能说明木梁上半部分存在压应力。这个试验奠定了材料力学中受弯构件计算理论的基础，是最有里程碑意义的结构试验，因此也被称为路标试验。

图1-3　荣格密里木梁试验

后来经过1906年美国旧金山（San Francisco）大地震（图1-4）和1923年日本关东（Kanto）大地震（图1-5）后，地震的相关学科开始发展。

图1-4　1906年美国旧金山大地震

图1-5　1923年日本关东大地震

小贴士：

1906年旧金山大地震，发生于1906年4月18日清晨5点12分左右，震级7.8，地震及随之而来的大火，给旧金山带来毁灭性破坏，该次地震成为美国历史上主要城市所遭受的最严重的自然灾害之一。

1923 年日本关东（Kanto）大地震，发生于1923年9月1日12点左右，震级8.2。

也是在这两次地震之后，人们开始重视对房屋抗震能力的试验检验。这段时期主要是对房子整体在动态作用力下的特点进行研究，并且开始记录地震时地面运动的加速度，同时开始有计划地在地震发生可能性较高的地区安装测量地震动加速度的设备。图1-6是某一次地震的地面加速度记录的曲线，自此之后我们家族的发展就是以地震动加速度为线索来不断推进的。

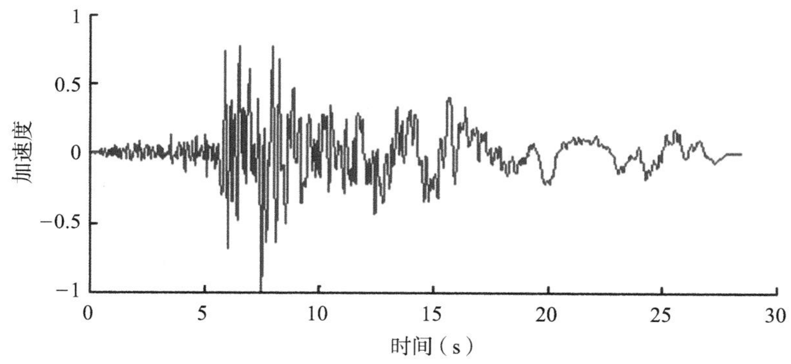

图1-6　地震动加速度时程记录

接下来，就是我们家族的主要成员亮相了。

拟静力试验

20世纪初，人们开始真正研究地震对房子的影响，由于当时地震工程学科的发展处于起步阶段，这一时期的试验主要集中在拟静力试验方面。拟静力试验最初不是用在房子的抗震上面，而是用在桥梁铆钉连接的性能检查上，后来被用于房屋的抗震试验中。1934年加拿大科学家永（Young）和杰克逊

（Jackson）[2]用改进的螺旋型实验机进行了连接件模型的循环加载试验（图1-7），这个试验揭示了连接件强度和刚度在试验过程中变小的特点，较好地获得了循环加载下连接件的弯矩–转角特征。

图1-7 连接件模型的拟静力试验[2]

拟静力试验：又称为循环往复试验，是对房子或房子的某部分构件施加多次循环作用的力（由于是慢慢施加，这个力相当于静力），使房子或房子的某部分构件从正反两个方向重复被加载和卸载受力，以这种模式来模拟地震时房子或房子的某部分构件在往复振动中的受力特点和变形特点。

小贴士：

加载：采用作动器（图1-8）或千斤顶等设备对房子或房子的某部分构件按一定规则施加力，使其出现变形直至破坏的过程。

图1-8 电液伺服作动器

拟静力试验中可以得到非常丰富的信息，是目前应用最多的一种试验方法。后面我会详细介绍的。下面，让我们家族的另外两位成员——大型地震模拟振动台和拟动力试验方法闪亮登场。

地震模拟振动台试验和拟动力试验方法

时间来到20世纪60年代，随着地震观测水平的提高，科研人员获得了大量的地震动记录和结构地震反应记录。在试验和分析中将观测到的地震动数据输入到结构模型中进行试验和数值仿真分析获得地震反应，为评估建筑结构的抗震能力奠定了基础。这一时期抗震试验发展最重要的标志是模拟地震的台子（地震模拟振动台）的建立和边试验边分析这种方法（拟动力试验方法）的应用。

20世纪60年代末，美国加州大学伯克利分校建成了一座可以同时进行水平、垂直两个方向的地震输入的6.1m × 6.1m地震模拟振动台（图1-9），同时期日本国立防灾科学技术中心也建成了当时世界上最大的14.5m × 15m的地震模拟振动台（图1-10）。

图1-9　加州大学伯克利分校地震模拟振动台

（图片来源：https://peer.berkeley.edu/uc-berkeley-shaking-table-history）

图1-10　日本国立防灾科学技术中心地震模拟振动台

（图片来源：https://www.bosai.go.jp/study/reception.html）

1969年日本科学家伯野元彦（Hakuno）博士开发的拟动力试验方法（图1-11）[3]是结构抗震试验研究过程中的一项重大成就。他采用计算机与加载设备（作动器）结合起来求解结构动力方程的方法，目的是能够真实地模拟地震对结构的作用。

20世纪70年代初期，美国首先将拟静力试验方法用于获取构件的数学模型，为整体结构的计算机分析提供构件恢复力模型，同时通过地震模拟振动台试验对结构恢复力模型参数做进一步的修正。

图1-11　第一代拟动力试验方法[3]

我的家族成员开始
强强联合啦！

1971年日本冈田恒男教授采用先进的数字式计算机代替了性能较差的非数字式计算机，发展了用于结构弹塑性地震反应分析的拟动力试验系统，从此，拟动力试验方法在结构抗震试验研究中确立了它不可替代的地位。1981年日美两国合作完成一座与真实房子一样尺寸的七层钢筋混凝土框架房子的拟动力试验。

拟动力试验的孩子们诞生了

子结构拟动力试验：

随着拟动力试验的发展，大家发现房子在地震作用下产生破坏，但破坏往往只发生在房子的某些部位或构件上，其他部分仍处于完好或基本完好状态。20世纪80年代日本科学家中岛正爱（Nakashima）博士和美国科学家马欣（S.A.Mahin）博士等人研究了子结构试验技术，对容易破坏的具有复杂非线性特征的房子的这部分进行试验，而处于线弹性状态的房子的另一部分用计算机进行计算，房子被试验的部分和计算机计算部分在一个整体结构动力方程中都得到了体现。

小贴士：

线弹性： 当房子或房子部件在地震下变形小，变形可以恢复，结构整体处于弹性范围内，称之为线弹性。

实时拟动力试验：

结构中材料的特性是受加载速度影响的，拟动力试验一直采用的是准静态加载方式进行，所以加载速度对结构的影响没有包含在结构反应中。从结构工程的发展来看，一系列的新材料、新装置，例如橡胶减震器、黏弹性阻尼器、摩擦耗能器和调谐液体阻尼器（TLD）等在房子结构中安装之后，采用这些新材料和安装新装置的结构大多表现出速度相关特征，所以实时的拟动力试验是非常必要的。

1992年日本科学家中岛正爱（Nakashima）博士提出了实时拟动力试验方法，用动态作动器代替静态作动器成功开发了实时拟动力试验系统，可以进行阻尼器等速度相关型试验体的抗震性能研究。我国武汉理工大学吴斌教授团队从2003年开始进行实时拟动力试验的研究，并在世界上首次把这种试验方法应用于工程实际[8]，如图1-12所示。

辽宁渤海某石油海洋平台为了减少春季冰融化以后的浮冰冲击导致的海洋平台振动，采用磁流变阻尼器对上层甲板进行减振控制（图1-12）[8]，在安装阻尼器之前需要做试验检查减振效果是否满足要求，就采用了实时拟动力

图1-12　世界上首例实时拟动力试验应用案例
（辽宁渤海海洋平台减振控制）[8]

第一章　房子抗得住地震吗？

试验方法，把阻尼器作为试验子结构，将平台的其他部分作为数值子结构进行实时拟动力试验，证明安装阻尼器以后可以很好地减小甲板的振动。

网络协同子结构试验：

子结构拟动力试验发展的过程中，随着互联网的发展，有人提出用网络把不同地方的实验室连到一起，把房子分成几部分，每一部分分别在不同地方的实验室中做试验，用网络把几个实验室的试验联系到一起，就发展出来了"远程协同结构试验"。美国于2001年启动了"美国国家地震工程模拟网络（NEES）计划"的建设，在美国的15所大学实验室分别建立了节点，并把这些节点上的实验室联系在一起，这样就可以做联网的子结构拟动力试验。我国湖南大学、哈尔滨工业大学、清华大学和南加州大学合作建设了网络化结构实验室（Netslab），拟动力试验进入了网络化的时代。中国地震局工程力学研究所王涛研究员团队、日本京都大学和美国布法罗大学合作进行三国联合网络协同混合试验，在国际上产生了广泛的影响[9]。

振动台子结构试验：

进入21世纪，随着计算机技术和试验设备的发展，试验技术也不断发展，实时拟动力试验与地震模拟振动台试验结合，形成了振动台子结构试验方法，就是用地震模拟振动台来进行实时拟动力试验。日本学者家村（Iemura）博士和五十岚（Igarashi）博士首先提出了振动台子结构试验方法用于被动和主动调谐质量阻尼器的减震控制验证，这种试验方法利用了实时拟动力试验和地震模拟振动台试验的优点，潜力巨大。

介绍完上面这些家族成员，我还想多说几句我们家族未来的动向。

随着试验技术的发展，试验的规模越来越大，设备的体量也越来越大。多自由度的大型加载设备不断开发，例如美国伊利洛伊大学香槟–厄巴纳分校的荷载与边界条件箱（LBCBs）（图1-13）和美国明尼苏达大学的多轴子结构加载测试（MAST）系统（图1-14）在可控的实验室环境内，对建筑子结构，例如楼宇梁柱框架、剪力墙、桥墩、基台、特殊承力结构等进行高载荷六自由度（6DOF）准静态和动态测试，为多维拟静力试验和多维子结构混合试验提供了加载设备条件。中国同济大学建设了地震模拟振动台4台阵（图1-15），日本已建成了目前世界上最大的地震模拟振动台E-defense（图1-16），美国加州大学圣地亚哥分校建设了世界上最大的室外地震模拟振动台（图1-17），并完成了三向六自由度加载改造。

图1-13　美国伊利洛伊大学香槟–厄巴纳分校的荷载与边界条件件箱（LBCBs）

（图片来源：http://nsel.cee.illinois.edu/new/eqpt/LBCB.pdf）

图1-14　美国明尼苏达大学MAST

（图片来源：https://www.mtschina.com/products/civil-engineering/multi-axial-subassemblage-test-system）

图1-15　同济大学4台阵振动台

（图片来源：https://www.instrument.com.cn/netshow/SH100567/news_98227.htm）

图1-16　日本地震模拟振动台E-defense

（图片来源：https://www.mtschina.com/products/civil-engineering/seismic-simulators）

为了应对地震和海啸等多种灾害对房子的危害，多灾害工程试验方法研究得到重视，中国天津大学建设了水下地震模拟振动台台阵（图1-18），这些设备的开发建设使得多灾害耦合试验研究成为可能。

以上就是我们家族的所有成员了，后面我就要花重墨详细给大家介绍他们一个个都有多酷了。

图1-17　美国圣地亚哥世界上最大的室外地震模拟振动台

（图片来源：http：//nheri.ucsd.edu/projects/2010-metal-building/project-picture.jpg）

图1-18　天津大学水下地震模拟振动台台阵

（图片来源：http：//news.tju.edu.cn/info/1012/49534.htm）

1.3 试验什么内容

1.3.1 抗震性能与抗震能力

抗震试验方法主要是测试房子的抗震性能与抗震能力[6]，抗震性能和抗震能力既有联系又有区别。不论分析抗震性能或抗震能力，都要在试验结束后，通过获得的数据和破坏现象来研究。但是抗震性能和抗震能力都有其特殊性：抗震性能主要研究房子中梁和柱等构件的性能，特别是不同构件间性能的比较；而抗震能力强调的是房子能抵御多大地震的能力。

在结构抗震设计中，往往需要比较不同构件在不同情况下抗震性能（强度、刚度、延性系数和耗能能力）的好坏，例如在同一荷载下比较变形增长率等。因此抗震性能研究不必回答某一结构能抵御什么水平的地震。在结构抗震能力的研究中，它不一定去和另一结构比较，而是要直接回答能抵抗多大的地震，就需要评估某一结构抵抗某种水平地震的能力。

1.3.2 滞回曲线

在力循环往复作用下，加载一周所得到的荷载–变形曲线称为滞回曲线[7]，它是将试验过程中结构或构件的位移变形数据和荷载数据记录下来，以位移变形作为横坐标轴（*X*轴），荷载作为纵坐标轴（*Y*轴），画出如图1-19所示的滞回曲线。它反映结构在反复受力过程中变形特征、刚度变小（刚度退化）及能量消耗，是确定恢复力模型和采用数值仿真进行结构出现非线性时的地震位移、加速度等反应分析的依据，又叫做恢复力曲线。结构或构件的滞回曲线一般有4种比较常见的情况：梭形、弓形、反S形和Z形，分别如图1-19（a）、（b）、（c）、（d）所示。梭形显示滞回曲线的形状饱满，说明整个结构或构件的变形能力强，具有很好的抗震性能和耗能能力；弓形显示出滞回曲线受到了一定的滑移影响，滞回曲线的饱满程度比梭形要低，反映出整个结构或构件的变形能力强；反S形反映受到更多的滑移影响，滞回曲线形状不饱满，说明结构或构件变形能力和吸收地震能量的能力较差；Z形反映出滞回曲线受到大量的滑移影响，具有滑移性质。

对许多结构构件，滞回曲线往往开始是梭形，然后发展到弓形、反S形或最后达到Z形，后三种形式主要取决于滑移量的大小，滑移量的大小将引起滞回曲线图形性质的变化。以防屈曲支撑为例，其滞回曲线如图2-19（e）所示，从图中可以看出防屈曲支撑的滞回曲线属于梭形。根据滞回曲线，可以假定一个构件的恢复力模型，用于数值仿真中的构件模拟，如图2-19（f）所示。

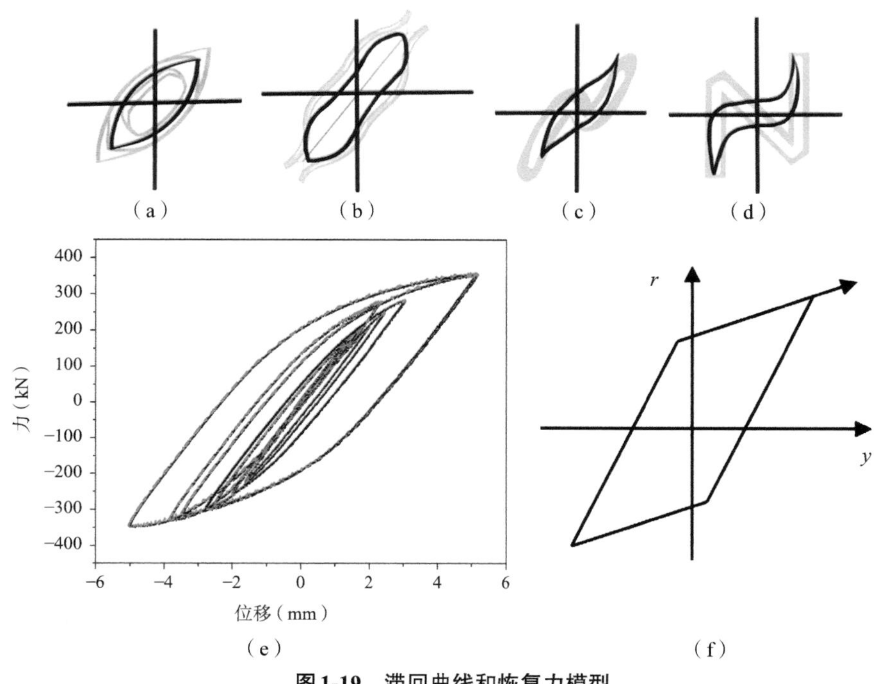

图1-19　滞回曲线和恢复力模型

耗能能力[8]：

试验体的耗能能力是指试验体在地震反复作用下吸收能量的大小，以试验体荷载–变形滞回曲线ABC所包围的面积来衡量，包围的面积越饱满，吸收的能量就越多，如图1-20所示。通过得到的滞回曲线ABC和三角形OBD（坐标原点O、峰值点B和峰值点在x轴上的投影点D之间的连线）所包的面积比求得结构的等效阻尼比，面积比越大耗能能力越强，反之亦反，因此面积比可以衡量结构的耗能能力。

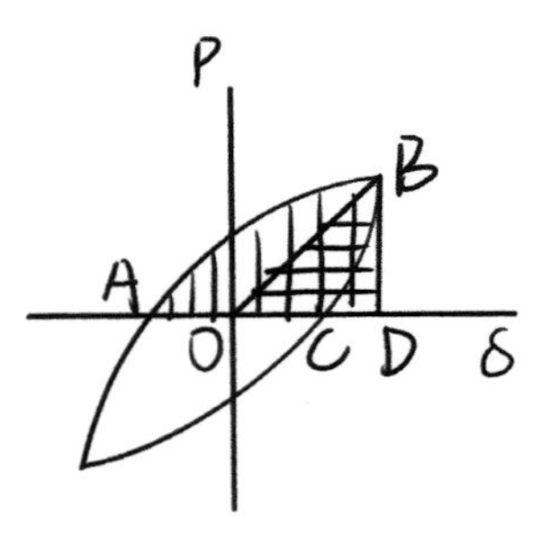

图1-20　耗能能力示意图

1.3.3 最大峰值点集合（骨架曲线）

变幅位移加载中，骨架曲线表示每次循环的荷载–位移曲线达到最大峰值点的轨迹[9]。每级变形–荷载滞回曲线的第一次循环的峰点（卸载顶点）的连接包络线称为骨架曲线（图1-21），反复加载骨架曲线形状和单调加载相似，但极限荷载略低一些。它反映了试验体受力与变形的各个不同阶段及特性，是确定恢复力模型中开裂点和屈服点等特征点的依据，而下面的刚度、强度和延性系数是基于这些特征点确定的。

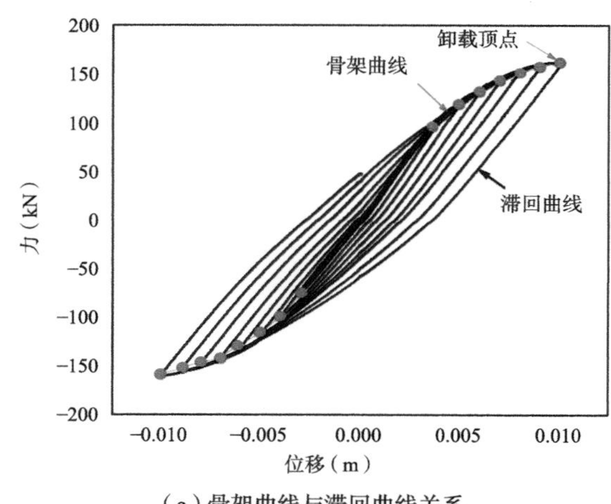

（a）骨架曲线与滞回曲线关系

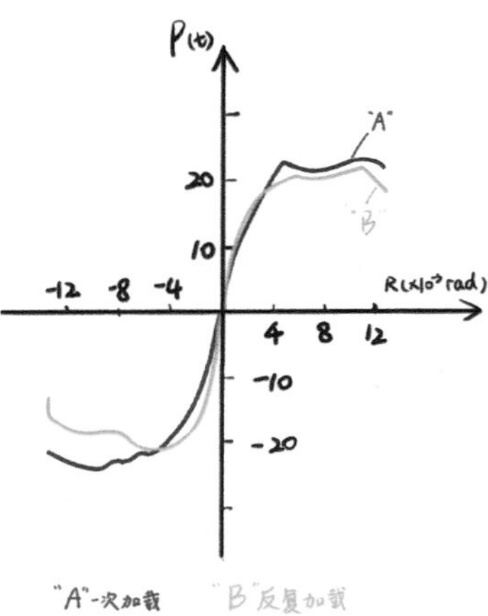

（b）反复加载与单调加载骨架曲线

图1-21　骨架曲线

刚度：

英国科学家罗伯特·胡克（Robert Hooke）在1676年对金属器件，特别是弹簧的弹性进行研究后，发现伸长量与力成正比，力与伸长量的比值被称为刚度（图1-22）。

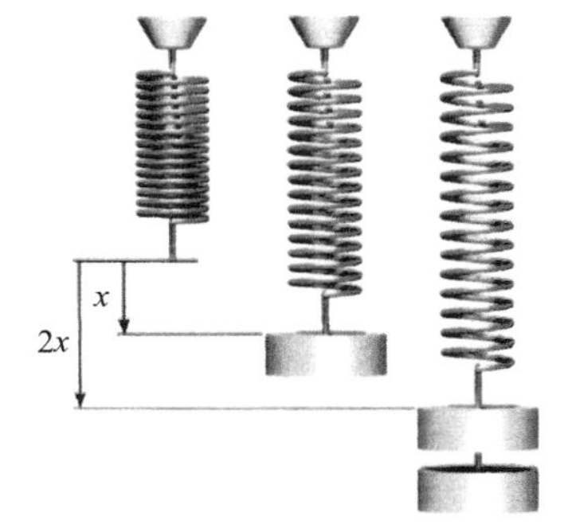

图1-22　刚度示意图

刚度表示结构抵抗变形的能力，在相同荷载作用下，刚度越大，变形越小。这应该是刚度最直观的理解了。

从图1-23荷载–位移曲线中可以看出，刚度与应力水平和加载的反复次数有关，在加载过程中刚度为变值，因而常用割线刚度代替切线刚度。在非线性恢复力特性试验中，由于有加卸载和正反向重复试验，再加上有刚度退化，因此刚度问题要比一次加载复杂得多。在进行刚度分析时，可取每一循环峰点的荷载及相应的位移与屈服荷载及屈服变形之比，即将其无量纲化后再绘出骨架曲线，经统计可得弹性刚度、弹塑性刚度以及塑性刚度。卸载刚度及反向加载刚度均可由构件的恢复力模型直接确定。图1-23中各种刚度的符号分别为：初次加载的荷载-位移曲线有一个切向刚度K_0；当荷载加到P_0时，连接OA可得开裂刚度K_f；荷载继续增加到P_y时，连接OB可得屈服刚度K_y；荷载-

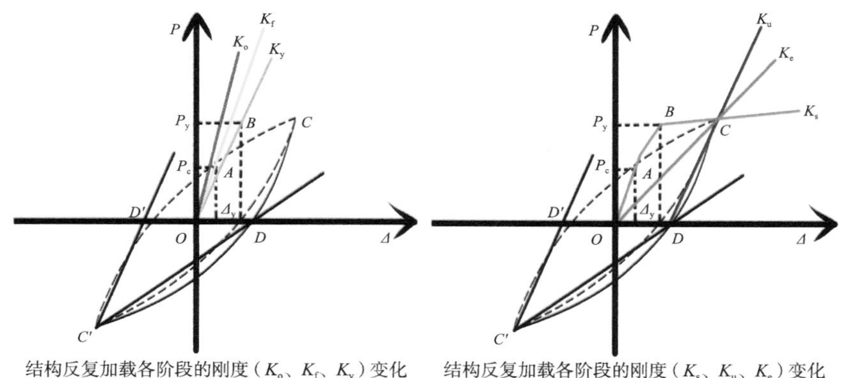

（a）K_0、K_f和K_y　　（b）K_s、K_u和K_e

图1-23　荷载–位移曲线

位移曲线的C点为受压区混凝土压碎剥落点，连接BC可得屈服后刚度K_s；从C点卸载后到D点时，荷载为0，这时连接CD可得卸载刚度K_u；连接OC，得到作为等效线性体系的等效刚度K_e[20]。

强度[10]：

在骨架曲线上反映了构件的开裂强度（对应于开裂荷载）和极限强度（对应于极限荷载），如图1-24所示。

开裂强度是结构开裂对应的荷载值Q_y，即E点。

极限强度是结构屈服以后的最大荷载值Q_{max}，即A点。

延性系数：

延性系数是试件的极限位移（图1-24中Δ_y）与屈服位移（图1-24中Δ_u）之比，它反映结构构件的变形能力。延性越大抗震性能越好，延性越小抗震性能越差。

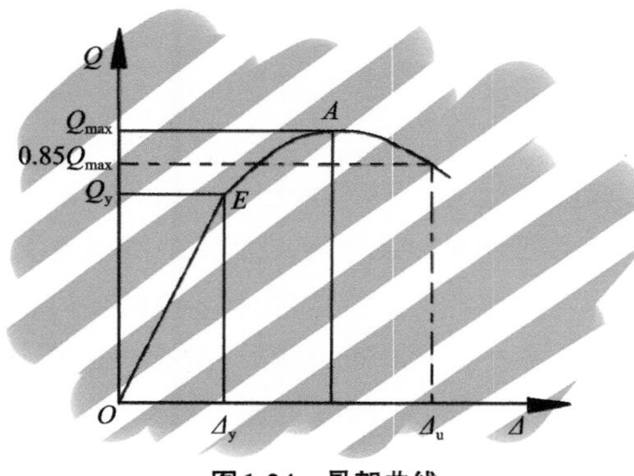

图1-24　骨架曲线

II

第2章

台子上的地震（地震模拟振动台试验）

下面首先介绍我们家族知名度最高的成员，也是大家从新闻上听到比较多的明星——台子上的地震。

2.1 引 言

工程结构在地震中的破坏，主要是由于地震运动（加速度）所引起的。如果试验设备平台能够模拟实际地震地面的运动，将工程结构固定在试验设备平台上，就可以直观地了解工程结构在模拟地震作用下的抗震性能，这种试验设备平台称为地震模拟振动台，采用这种设备进行地震动模拟的试验方法就是地震模拟振动台试验（台子上的地震）。图2-1为1994年广州大学建成的3m×3m地震模拟振动台，它上面可以固定20t的试验模型进行试验。

图2-1 3m×3m地震模拟振动台（广州大学工程抗震研究中心白云校区）

地震模拟振动台试验台面上可以模拟各种形式的地震动，激励振动台上固定的工程结构，从而很好地再现工程结构在地震过程中的位移和加速度等反应。地震模拟振动台试验具有明显的优点和广泛的适用范围。

地震模拟振动台模型试验主要从宏观方面研究结构地震破坏机理、破坏模式和薄弱部位，评价结构整体抗震能力并衡量减震和隔震的效果。振动台模型试验是最为直接的试验方法，在试验中能详细地了解结构在大震作用下的抗震性能，观察地震作用下构件的破坏机理。另外，振动台模型试验往往是评估新型结构、超限结构以及具有隔震、减震装置等结构抗震性能的重要手段，同时在核反应堆、海洋工程结构、水工结构、桥梁工程等抗震领域也起着重大作用。

对于大型复杂结构整体模型试验，振动台可以进行小比例缩尺模型试验（图2-2、图2-3）。通过振动台试验可以对结构的特性和宏观地震反应进行了解，如结构的自振特性，地震波激励下结构的加速度反应、位移反应，构件的应变反应。在试验过程中还可以观察结构的破坏位置与形态，通过分析观测数据也可以找出结构的薄弱楼层，从而对计算分析模型进行校核，并为结构抗震设计提供修改建议。

然而，地震模拟振动台也存在局限性，除了少数超大型地震模拟振动台可以用来做足尺试验外，绝大部分地震模拟振动台只能进行缩尺模型试验，缩尺

图2-2　深圳邮电大厦振动台模型[11]

图2-3　上海环球金融中心大厦振动台模型[12]

模型对试验对象的动力相似条件有着严格的要求。另外地震模拟振动台投资大，其设计和建造涉及土建、机械、液压传动、电子技术和自动控制等多方面技术，所以建设既经济又具有高性能的地震模拟振动台是一项复杂的高新技术工作。

汶川地震这样的8.0级大震中，相当多的建筑物发生倒塌（图2-4），但目前设计过程中大多数房屋建筑满足大震不倒主要是通过概念设计来实现的，在结构抗倒塌设计方法和技术等方面仍需进一步研究。振动台试验是目前并可能在将来的一段时间内研究结构在地震作用下的非线性反应和倒塌机理比较有效的试验方法。汶川大地震后，更多人认识到了结构抗震的重要性，对结构的地震安全性也有了更多的认识，在中国相关抗震及隔震设计规范中有条文规定一些特殊的和重要的结构需要进行地震模拟振动台试验。

图2-4　汶川5·12大地震

（图片来源：https：//www.163.com/dy/article/GHM9KOHO05159BG3.html）

2.2 地震模拟振动台的发展历程

最初，地震模拟试验研究主要在室外进行。20世纪50年代，科学家们将强震观测仪器设备设置在地震区的房屋等工程结构上，等待地震的到来，观测房子在强地震作用下的反应。这种方法由于强地震较少，且受到地震预报的限制，从而取得数据的机会少，试验周期长，无法满足研究的需要。到了20世纪60年代初，采用大型起振机等方式在原型结构上进行振动破坏试验，以获得所需数据。但是模拟地震破坏是困难的，而且试验投资巨大，试验周期也很长。故后来的发展是在将要拆毁的房屋结构上进行试验，虽然用旧房屋可以降低一些投资，但仍要投入巨大的人力和物力。

汶川地震后，中国地震局工程力学研究所戴君武研究员在汶川地震损伤4层钢筋混凝土框架结构上进行了大型起振机原型结构振动破坏试验[13]，如图2-5所示，左图中的设备即为大型起振机。

（a）大型起振机

（b）原型结构

图2-5　大型起振机原型结构振动破坏试验[13]

由于强震少，野外原型试验远远满足不了抗震研究工作的需要。虽然可以利用计算的方法来进行抗震分析，但是，凭计算难以给出结构的准确的数学模型。此外，由于核电站、大型水库以及重大结构的建造，公众对这类重大工程结构安全的要求较高，因而有需求探索将房屋结构放到实验室来进行试验，花较少的钱，以最快的速度，获取更多的数据，因此地震模拟振动台在20世纪60年代末应运而生。

世界上最早建立地震模拟振动台的是多地震的日本和美国，中国地震模拟振动台始建于1960年。1960年，原中国科学院工程力学研究所建成了台面尺寸为12m×3.3m的单向水平地震模拟振动台。自20世纪60年代开始建立地震模拟振动台系统，目前全球的地震模拟振动台系统已经超过100台，国内各大学以及科学研究单位也陆续建立了30多套地震模拟振动台系统。

特别是近十几年来，随着国家对高等教育及科研投入的不断增大，以及土木工程行业的飞速发展，一些地区和学校先后配置了地震模拟振动台，所拥有的振动台系统已从简单的单向运动向复杂的三向六个自由度发展，试验的内容也由砌体结构模型试验、框架结构模型试验、筒体结构模型试验向桥梁结构模型试验、具有隔震和减震装置的结构模型试验、结构与地基共同工作的模型试验等新的领域发展。

地震模拟振动台是一项复杂的高技术产品，它的设计和建造涉及土木建筑工程、机械与液压传动工程、电子技术、自动控制和计算机技术等专业领域。地震模拟振动台作为一个复杂的系统主要由如下几个部分组成（图2-6）：振动台台面和基础，高压油源和管路系统，电液伺服作动器，数字控制系统，计算机控制系统和相应的数据采集处理系统，图2-7为广州大学工程抗震研究中心3m×3m地震模拟振动台计算机控制系统。

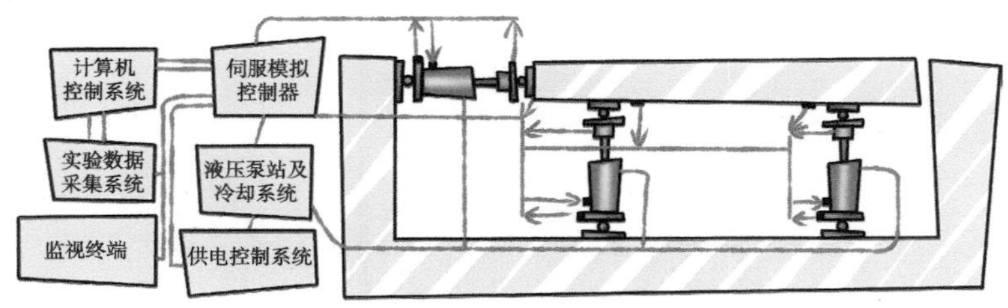

图2-6　地震模拟振动台系统示意图[14]

图2-7　地震模拟振动台计算机控制系统（广州大学抗震中心）

2.3
地震模拟振动台试验模型设计

2.3.1 试验模型的相似概念

地震模拟振动台试验较多采用模型试验。模型是根据结构的原型，按照一定的比例制成的缩尺结构，它具有原型的全部或部分特征。对模型进行试验可以得到与原型结构相似的工作情况，从而可以对原型结构的工作性能进行了解和研究。模型试验的核心问题是如何按照相似理论的要求，设计出与原型结构具有相似工作情况的模型结构，其相似设计中既包含了物理量的相似，又包含了更广泛的物理过程相似。简单地说，结构模型相似主要解决下列一些问题：

(1) 模型的尺寸是否要与原型保持同一比例；

(2) 模型是否要求与原型采用同一材料；

(3) 模型的荷载按什么比例缩小和放大；

(4) 模型的试验结果如何推算至原型。

具体的结构模型相似设计将涉及几何相似、材料相似、荷载相似（动力、静力）、质量相似、刚度相似、时间相似、边界条件相似等[15]。图2-8、图2-9为不同相似比的柱子模型。

图2-8　柱子模型（相似比1：1）[16]

图2-9　柱子模型（相似比1：5）[16]

结构地震模拟振动台试验的相似模型大致分为四种，分别是弹塑性模型、采用人工质量模拟的弹塑性模型、忽略重力效应的弹性模型和混合模型。

小贴士：

弹塑性模型：

理论上可以重现结构反应的时间过程，使模型和原型的应力分布一致，并可模拟结构的破坏。由于要严格考虑重力加速度对应力反应的影响，必须满足加速度相似常数（模型加速度/原型加速度）=重力加速度相似常数=1，即模型加速度反应与原型加速度反应一致，这一要求大大限制了模型材料的选择。因为这就要求在缩尺模型中，必须使用弹性模量很小或材料密度很大的模型材料。而弹性模量很小会导致模型浇筑困难，容易损坏；密度很大则要求在模型材料中加入大量铅粉之类重度大的掺合物，这对大型建筑动力试验模型是难以办到的。即使弹性模量或密度满足了相似条件，材料的其他性质如泊松比和阻尼等也难以满足相似关系，所以全相似模型只是一种理想化的模型，在实际试验中很难采用。

采用人工质量模拟的弹塑性模型：

使用原型材料或其他替代材料制作时，弹性模量相似常数自然等于1或接近于1，若要满足加速度相似常数=重力加速度相似常数=1的条件，材料密度需要增加很多，对于大型建筑物，模型几何比很小，人工质量将大大超过模型本身的质量，若取弹性模量相似常数等于1时，对应的人工质量难以实现。因而在实际模型试验中，常改进这一模型，取弹性模量相似常数小于1，采用人工质量进行配重，实现重力效应对结构的影响。

忽略重力效应的弹性模型：

放弃加速度相似常数=重力加速度相似常数=1的条件，忽略重力效应，会使模型反应失真。在一般情况下，重力引起的结构效应与水平地震作用效应相比是较为次要的，特别是在结构反应处于小变形阶段不发生明显几何非线性的情况下，忽略重力效应不会造成大的误差。由于忽略重力效应的模型中弹性模量相似常数大于1，即振动台要有较大的出力，而模型频率则较高，加载和量测设备要在高频状态下工作。这种模型对研究弹性状态下的性能比较合适，如果要求获得模型结构在罕遇地震作用下的反应，结构有可能进入非弹性阶段并产生较大位移，因此不宜采用忽略重力效应的模型。

混合模型：

使用微粒混凝土材料模拟混凝土，采用一定的人工质量而泊松比和阻尼等特性与原型材料相近。

2.3.2 试验模型的制作

对于大比例的振动台试验整体模型，可以直接采用与原型结构相同的材料制作模型，其设计方法参照有关设计规范直接采用。然而，对于模型比例较小的情况，由于技术和经济等多方面的原因，一般很难做到模型与实物完全相似，这就要求抓住主要影响因素，简化和减少一些次要的相似要求。比如钢筋（或型钢）混凝土结构的整体强度模型还只能做到不完全相似的程度，这是因为，从量纲分析角度讲，构件截面的应力、混凝土的强度、钢筋的强度应该具有相同的相似常数（应力相似常数一般只有1/5 ~ 1/3），然而即使是混凝土的强度能够满足这样的相似关系，也很难找到截面和强度分别满足几何相似关系和材料相似关系的材料来模拟钢筋，这时不同材料结构模型设计均需把握构件层次上的相似原则。

在设计振动台试验模型时，对于钢筋混凝土结构模型，一般采用微粒混凝土和钢丝来分别模拟混凝土和钢筋；对于钢结构模型，一般采用钢材或紫铜作为模型材料。

模型制作采用的是内模成型外模滑升技术，外模可采用木模或塑料板模整体滑升（一次滑升2～3层），内模一般采用泡沫塑料，这是因为泡沫塑料易成型、易拆模，即使局部不能拆除，对模型刚度的影响也很小。在模型施工之前，首先将内模切割成一定形状，形成构件所需的空间，绑扎模型构件钢丝（图2-10），如遇配有型钢的构件，则在其相应位置上放置模拟型钢的材料（如紫铜）。保证其可靠连接后进行微粒混凝土的浇筑，边浇筑边振捣密实，每一次浇筑一层，达到一定强度后再安置上面一层的模板及钢丝等。重复以上步骤，直到模型全部浇筑完成，模型制作示意图如图2-11所示。

图2-10 模型的钢丝绑扎

图2-11 模型制作示意图

模型主体竣工后，通常还要保护2～4个星期，视当时的试验室温湿度条件和微粒混凝土情况而定。养护的过程中，可同时进行一些施工较早、影响已不大部位的内模拆除工作，即尽量清除泡沫塑料以减少其对试验准确性的影响。为方便试验现象观测，在模型表面涂粉刷层。常用粉刷层材料有石灰浆和水泥浆两种，石灰浆粉刷层为白色，有利于试验时观察和描绘裂缝，但是石灰浆在干燥的过程中收缩较大，加上如果粉刷得不均匀，常常会使模型在未进行振动台试验前表面便已出现微小的干缩裂缝，极易影响和误导试验观察结果；水泥浆粉刷层干燥过程中收缩较小，但是颜色为灰色，观察和描绘裂缝时要更为仔细。

2.4 地震模拟振动台试验加载

模型内、外模拆除完成后，在模型顶部和底部安置加速度传感器或脉动感应器，并与数据采集系统相连，分别测试结构X、Y、Z三个方向在脉动作用下的反应。在正式进行地震模拟振动台试验前，需要进行第一次白噪声输入动态性能测试[17]。根据测得的结构动力特性调整模型的相似关系。接着，对模型进行附加人工质量块的安装。随后进行第二次白噪声输入动态性能测试以校核相似关系，此时确定的相似关系，一般即为模型试验时所应遵循的相似关系。最后进行加速度传感器和位移传感器的布置。

地震模拟振动台试验一般进行三水准地震烈度作用下的测试，即多遇地震烈度、设防地震烈度、罕遇地震烈度和超罕遇地震烈度（图2-12）。试验按规范、规程等要求选择2条天然地震波和1条人工合成地震波作为地震动输入。对表现出非线性行为的模型来说，振动台试验过程是一个损伤累积和不可逆的过程，因此地震动的输入要遵循激励结构反应由小到大的顺序。对于一般工程，振动台试验地震波选择和输入顺序确定步骤如下（图2-13）：

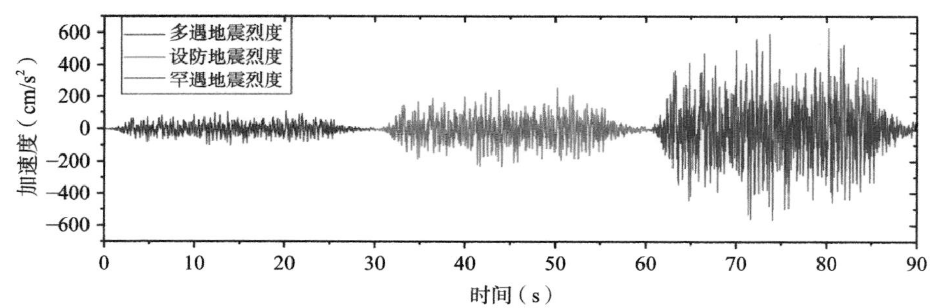

图2-12 三水准地震烈度地震波示意图

（1）根据研究对象所在场地类型和设防烈度确定地震反应谱，并将反应谱转换为加速度表示，单位一般采用cm/s^2。

（2）按规范要求初步选择3～4条地震波，将所选地震波进行反应谱分析，并与设计反应谱绘制在一起。

（3）计算结构振型参与质量达50%对应各周期点处的地震波反应谱值；检查各周期点处的包络值与设计反应谱值相差是否不超过20%，如图2-14所示；如不满足，则回到第二步重新选择地震波。

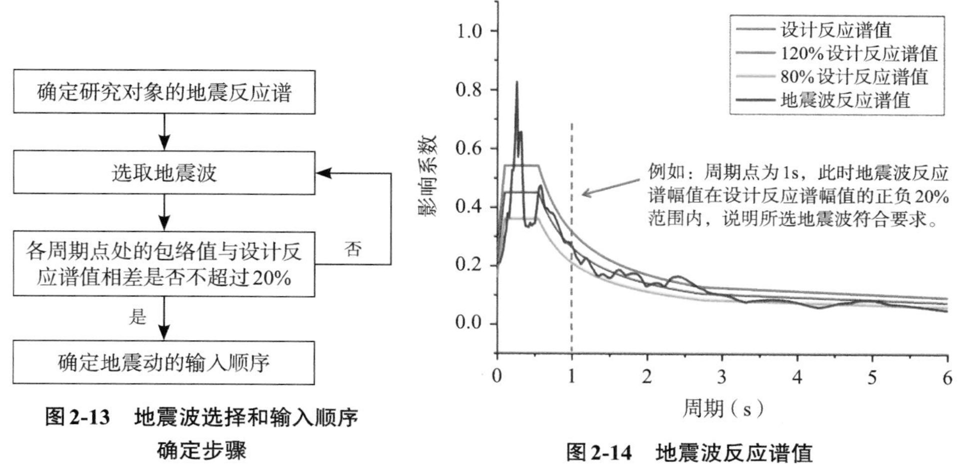

图2-13　地震波选择和输入顺序确定步骤

图2-14　地震波反应谱值

（4）计算结构振型参与质量达50%对应各周期点处选定地震波的反应谱值；将各地震波在主要周期点处各方向上的值，按水平1∶水平2∶竖向分别以1∶0.85∶0.65加权求和；按该求和值从小到大的顺序确定地震动的输入顺序。

2.5 地震模拟振动台试验案例

2.5.1“小蛮腰”地震模拟振动台试验

“小蛮腰”是广州塔（图2-15）的昵称，其位于广州市新中轴线和珠江南岸的交接处，处于广州市中心地带，塔高600m，其主塔体高454m，天线桅杆高164m，为中国第一高塔，结构总重量约194000t。广州塔形状高挑纤细，上下两个椭圆扭转在腰部收缩变细，中部最细处的面积与底面和顶部的对比差异突出，中部最细处椭圆直径约为30m。广州塔椭圆形钢管混凝土结构外筒体系由24根立柱、斜撑和圆环交叉构成，各立柱间隔相当，环形排列。广州塔内筒为椭圆形混凝土核心筒。对于这座“摩天”高塔，由于“小蛮腰”的“腰”实在太细，同时，在主塔上设置164m的天线桅杆，在地震来临时，其“腰部”是不是安全，顶部高耸“桅杆”会不会受到影响而破坏，广州塔工程设计项目团队需要通过地震模拟振动台试验进行验证。

基于地震模拟振动台试验模型设计方法，广州大学工程抗震研究

中心团队设计并制作了模型尺寸比例1:50的广州塔地震模拟振动台试验模型（图2-16），试验模型不仅仅是外观的相似，其地震下的响应也相似，可以通过模型试验，获得广州塔在实际地震下的动力响应。试验显示，“小蛮腰”的抗震性能总体上满足抗震设防的要求，在7度抗震设防罕遇地震作用下，出现破坏的部位在近“腰部”附近，个别腰部的斜撑出现破坏；顶部桅杆的“鞭梢效应”比较明显，在桅杆底部与主塔交接处杆件受力较大。通过试验获得了“小蛮腰”的薄弱部位，为“小蛮腰”的抗震设计提供了支撑。

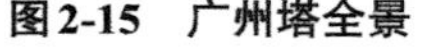

图2-15　广州塔全景

图2-16　广州塔地震试验模型

注：本试验由广州大学工程抗震研究中心与广州塔建设公司共同完成。

小贴士：

鞭梢效应：

指当房子受地震作用时，它顶部的小突出部分由于质量和刚度比较小，在每一个来回的转折瞬间，形成较大的速度，产生较大的位移，就和鞭子的尖一样，这种现象称为鞭梢效应。

2.5.2 沈阳宝能环球金融中心地震模拟振动台试验

沈阳宝能环球金融中心（图2-17）为超高层建筑物，建筑总高度565m，113层。结构高度548m，高度与宽度比为10:1。该超高层结构由八根钢管混凝土巨型柱（双腔）及八道两层高的周边带状桁架构成的巨型框架以及钢筋混凝土核心筒组成，108层以上顶部采用“巨柱+带斜撑钢框架”结构体系。该结构高度超过国家规范的限制，以及侧向刚度突变、加强层、楼板不连续等也超过了限制。为了研究和验证沈阳宝能环球金融中心T1塔楼复杂超限超高层建筑结构的抗震性能，进行模拟地震振动台试验是目前最直接可靠的方法之一。

图2-17　沈阳宝能环球金融中心效果图

图2-18　试验模型

注：本试验由广州大学工程抗震研究中心与沈阳宝能共同完成。

广州大学工程抗震研究中心团队加工制作了尺寸比例为1∶40的试验模型（图2-18），放置在地震模拟振动台上，通过地震模拟振动台输入地震波对结构进行激励试验，结果显示，沈阳宝能环球金融中心抗震性能满足抗震设防的要求，八根钢管混凝土巨型柱（双腔）在不同地震作用下完好无损，能保证结构在地震作用下的安全，破坏集中在混凝土梁的两端，形成梁“铰”破坏的机制，从而耗散地震输入的能量，防止竖向承载力构件的破坏，保证结构在罕遇地震下不发生倒塌或严重破坏。

第3章

变慢的地震（拟静力试验）

介绍完明星，我们家族中资历最老、贡献最大的成员隆重出场，它是当之无愧的中流砥柱——拟静力试验。

3.1 为什么变慢（拟静力试验加载设备）

因为地震动都是反复多次加载的，所以这种方法采用加载的幅度从小到大，是不断循环往复增加的一个过程，因此叫循环往复试验，又称为拟静力试验。拟静力试验是目前研究结构或构件性能中应用最广泛的试验方法，采用一定的荷载控制或变形控制对试验体进行低速反复加载，使试验体从弹性阶段不断加载直至破坏的一种试验。拟静力试验有一个特点就是加载速率很低，从而方便观察试验过程中试验体破坏的现象。试验过程中采用力传感器测量反力，位移传感器测量试验体的位移响应，研究结构在地震作用下的恢复力特性，确定结构构件恢复力的计算模型。

拟静力试验加载制度在试验前人为设定，因此可以事先确定且在试验过程中某一时刻停下来，观察试验现象，加载过程中可以根据试验需要改变加载的工况。每一步加载都是单调静力加载，与地震响应波形无关，一般在试验体动力响应处加载。因为加载缓慢，加载力与惯性力无关，加载能力大，可以进行大比例尺模型的加载试验。

拟静力试验常用的加载设备有千斤顶（图3-1）（一般需要配置液压油泵，如图3-2所示），还有电液伺服作动器（图1-8）。

房子一般由梁和柱构成它的骨架，而梁和柱交叉的地方被称为节点，因为节点连接多根梁和柱，因此节点受到的力比较复杂，容易在地震中成为薄弱环节，为了研究节点或柱的抗震性能，需要多根梁和柱对其真实作用力和在试验过程中节点受到的多个方向的力完全一样或尽可能地接近，这就需要具备多方向加载能力的设备对其进行研究。常见的多维拟静力加载装置有平行四连杆加载装置（图3-3）、压–弯–剪–扭加载装置。

这类设备由于多个作动器加载中都与同一个试验体连接，各个作动器可

图3-1　千斤顶

图3-2　液压油泵

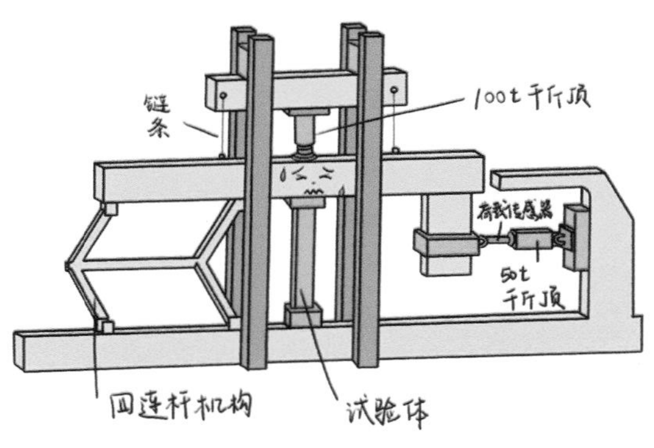

图3-3　平行四连杆加载装置

能出现互相憋着劲，导致都不能动的情况；另外，各个作动器可能有快有慢，可能带乱彼此的节奏；尤其是竖直方向，由于竖向一般是上面楼层的重力作用，加载力的幅值往往较大，当水平作动器加载使得试验体发生水平位移时，竖向作动器会有较小角度的转动，虽然转动角度较小，但由于其本身的力较大，还是会在水平向投影产生一个数值可观的分力，因此竖向方向和水平方向加载的相互影响不能忽略。如何减小甚至消除实现多个自由度之间的相互影响，从而保证各个自由度之间的加载相互影响尽可能小是一个难点，国内哈尔滨工业大学和中国地震局工程力学研究所对多自由度加载控制方法进行了一系列的研究。近年来国内外新建了多套可以进行空间加载的大吨位压剪试验装置，例如广州大学的万吨压剪试验系统（图3-4）可以同时进行竖向、水平X向和Y向、俯仰（X向转动）和偏航（Y向转动）这5个空间方向（也可认为是加载作用点的5个自由度）的加载。

拟静力试验过程中慢慢地加载，可以获得结构的滞回曲线，进而得到其恢复力模型，这是进行地震反应分析的非常重要的数据。例如通过记录加载过程

图 3-4　广州大学万吨压剪试验系统

中结构的变形和恢复力，就可以得到试验体的滞回曲线，图 3-5 所示是铅芯橡胶隔震支座的滞回曲线。从滞回曲线可得到骨架曲线、结构的初始刚度和刚度退化等参数，从强度、变形和能量等方面判别和鉴定结构的抗震性能，因为拟静力试验可以得到如此丰富的信息，所以其也是目前应用最多的一种试验方法。

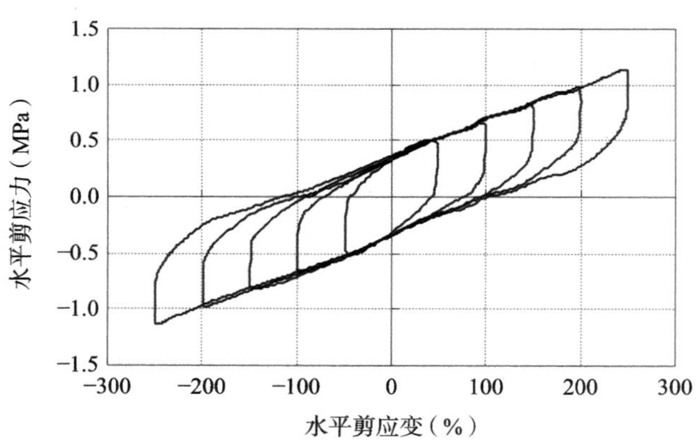

图 3-5　铅芯橡胶隔震支座滞回曲线

3.2
变慢以后的轨迹（拟静力试验加载制度）

拟静力试验中，加载过程中可以进行多个能级的输入，直到试验体破坏或倒塌，通过循环往复试验，可以获得结构的刚度、延性系统、等效阻尼、强度和骨架曲线等反应结构抗震能力的参数。拟静力试验之所以叫做循环往复试验，就像图3-6一样，每一级循环3次，加载4级，直到试验体屈服破坏。加载制度有变幅变位移加载、等幅等位移加载和混合加载，图3-6所示的是混合加载制度。

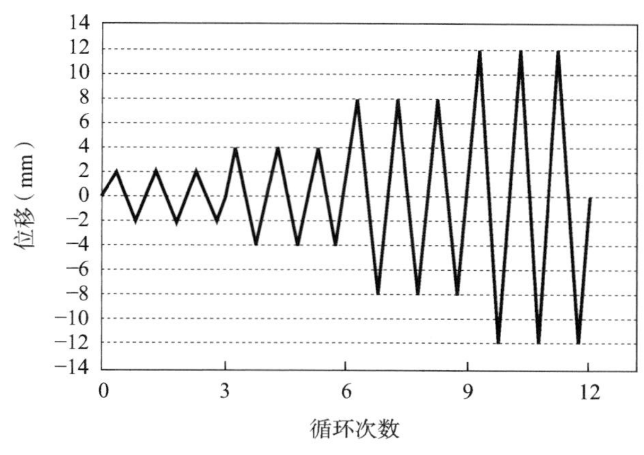

图3-6 混合加载制度

3.3 刚与柔的协调（力－位移混合加载）

3.3.1 为什么要力－位移混合加载

房子一般是由梁、柱、楼板、墙等搭建而成，我们称之为结构构件，柱在房子中主要承担竖向的重力和部分的侧向力，因此竖向相比于水平向要结实很多，结构工程构件的轴向刚度一般较大，就是太刚了，作动器在轴向给构件施加轴向力的时候，位移的变化非常小，而作动器的位移控制精度是有限的，因此有可能试验体施加的竖向力波动较大，由于伺服阀精度有限等条件的限制，作动器的位移控制精度有限，位移的一点点抖动，就有可能导致力出现很大的波动，而结构所受到的竖向重力是一定的，为了模拟结构构件在结构中真实的受力状态，保持竖向力的恒定是非常重要的一环，这个时候采用力控制进行竖向力的加载，更容易保持竖向力的恒定。一般来说水平向的剪切刚度较小，剪切变形被选择为试验过程的主要控制变量，此时采用位移控制比较合适。

房子中的砌体墙片和剪力墙等结构部件，它们的侧向刚度很大，对其进行侧向加载模拟水平地震力作用时，采用力控制比较合适，而当试验体屈服以后在下降段，试验体承载力下降很快，再采用力控制不能保持在目标力，作动器有可能伸长太多，容易把作动器损坏，因此可以在屈服之后采用位移控制，这也是一种类型的力—位移混合控制方法。

这种为了实现大刚度试验体加载发展的力–位移混合控制方法，就像中国传统的太极拳一样，刚柔并济，从而使得结构构件在试验中的受力与在真实结构中是完全一样的。

3.3.2 案例：钢柱

2019年中国地震局工程力学研究所王涛研究员团队[18]在中国地震局工程力学研究所恢先地震工程综合实验室对一个钢结构中方形空心钢管立柱进行采用力–位移混合控制的拟静力试验。方钢管柱的尺寸示意图和加载装置如图3-7所示，图中的钢柱顶端在结构中会受到轴向力、水平位移和弯矩的作用。

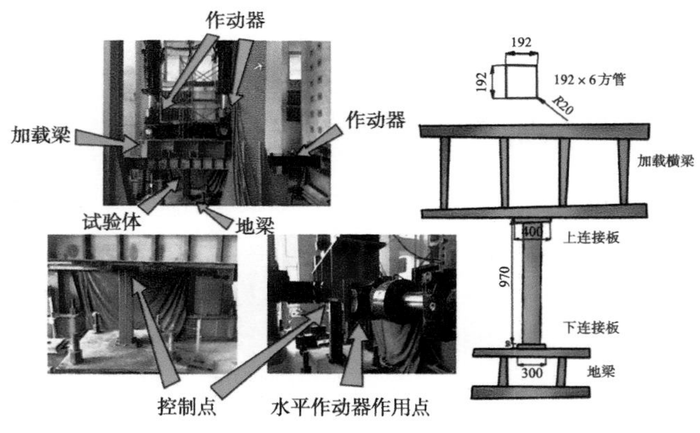

图3-7　三自由度力–位移混合控制加载装置

为了实现钢柱水平、竖向和转角的同时加载，在水平自由度上采用位移控制，在竖直自由度上采用力控制，在转角自由度上采用弯矩控制，如图3-8所示。通过采用外环控制，在作动器控制闭环之外设置自由度控制闭环，这样就可以根据试验体的特点对作动器进行灵活的控制方式设计，在如图3-8所示试验中采用3个电液伺服作动器同时进行加载来实现力–位移混合控制。本试验中一个作动器在水平方向加载，另外两个作动器在竖直方向通过加载梁进行加载。而每个作动器的控制方式，都根据加载装置和试验体的特点进行设计。水平向作动器采用力控制，竖向两个作动器采用位移控制，位移控制的作动器方便设置位移保护来保护试验体不被压溃，同时保护作动器不至于因为活塞杆伸出太长而损坏。水平向作动器采用力控制可以释放加载梁的过约束。

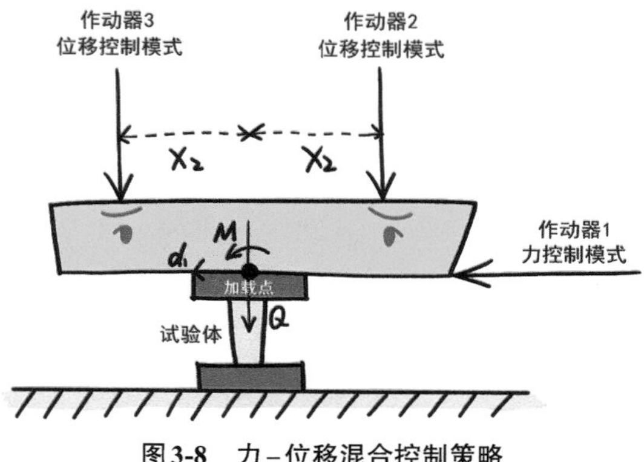

图3-8　力–位移混合控制策略

对方钢管柱进行了三自由度拟静力加载试验，竖向采用力控制，转角采用弯矩控制，水平向采用位移控制，各个自由度的响应和命令跟踪对比如图3-9所示。

从图3-9（a）和（c）中可以看出，柱子顶部的水平位移和转角方向的实际

（a）水平向

（b）竖向

（c）转角方向

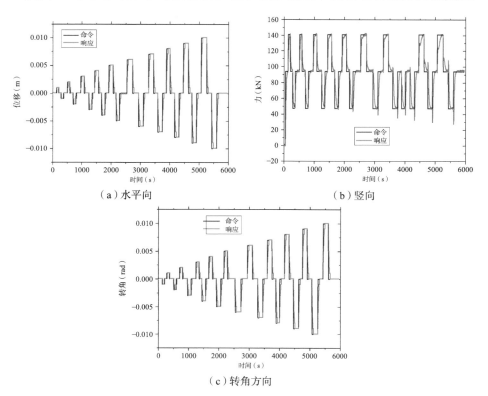

图3-9　三个方向实际位移和力的曲线

位移在每一步都与命令很接近。从图3-9(b)中可以看出，在每个力加载步力响应都很好地跟踪力命令，说明这种加载装置较好地实现了加载目标的控制。

得到其3个自由度的滞回曲线如图3-10所示，从图中可以看出加载得到的滞回曲线与理论吻合较好，说明了这种刚柔并济的加载方式是很有效的。

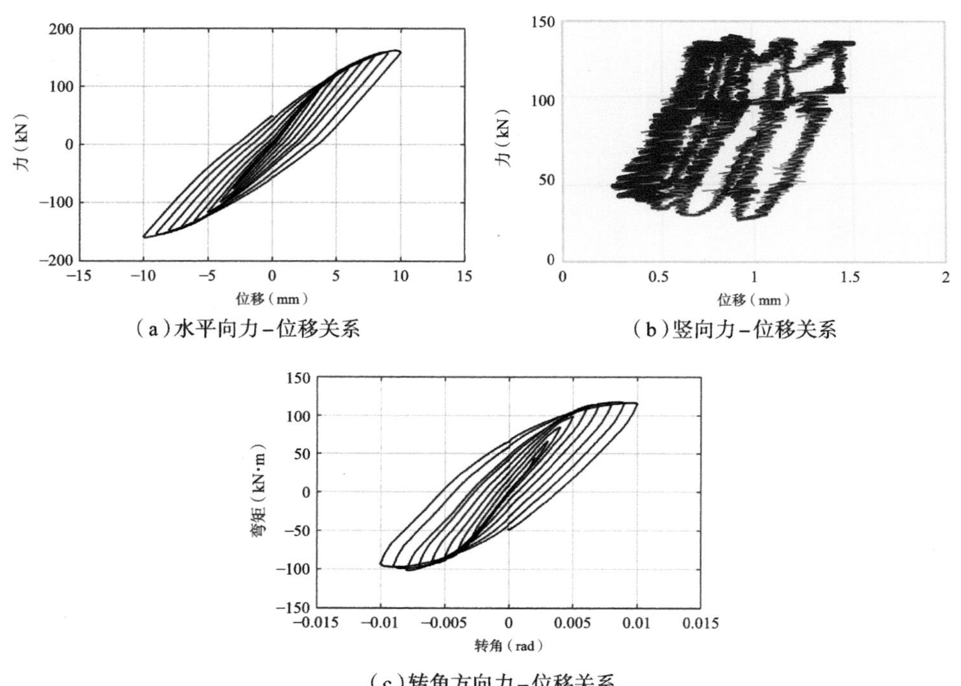

(a)水平向力-位移关系　　(b)竖向力-位移关系

(c)转角方向力-位移关系

图3-10　三自由度力-位移曲线

3.4 三维的地震(多自由度加载)

3.4.1 三维的地震实现的工具

真实的地震是三维和空间的，所以结构中起主要支撑作用的梁和柱，在地震过程中会受到空间多自由度甚至是六自由度的地震力的作用。因此对其进行拟静力试验时，为了实现结构构件真实的边界条件，一般需要采用多个作动器或者专门的多维加载装置进行加载。国内外科研机构建设了多座专门的加载装置，例如美国伊利洛伊大学香槟-厄巴纳分校的边界条件模拟器(LBCBs)(图1-13)，明尼苏达大学的(MAST)装置(图1-14)，美国加州大学圣地亚哥分校的六自由度加载装置（图3-11），澳大利亚斯威本大学的MAST装置（图3-12）等。国内台湾地震工程研究中心建设有多自由度加载装置MATS（图3-13），北京中建技术研究中心建设有万吨级多自由度加载试验机（图3-14）等，这些大型设备的建设使得大型空间加载拟静力试验成为可能。

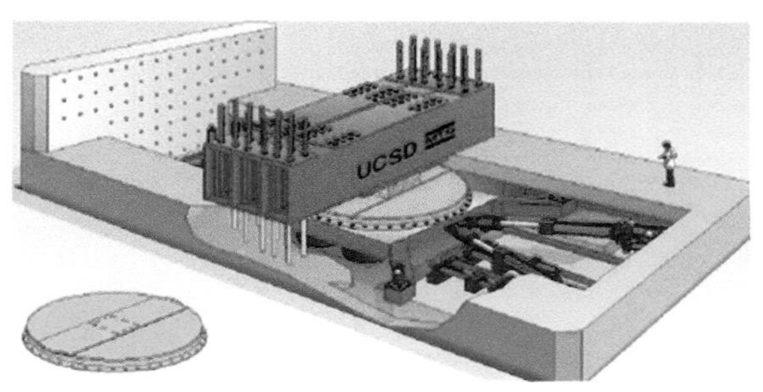

图3-11　美国加州大学圣地亚哥分校的六自由度加载装置

（图片来源：https：//www.mtschina.com/products/civil-engineering/%20seismic-isolation-bearing-test-system）

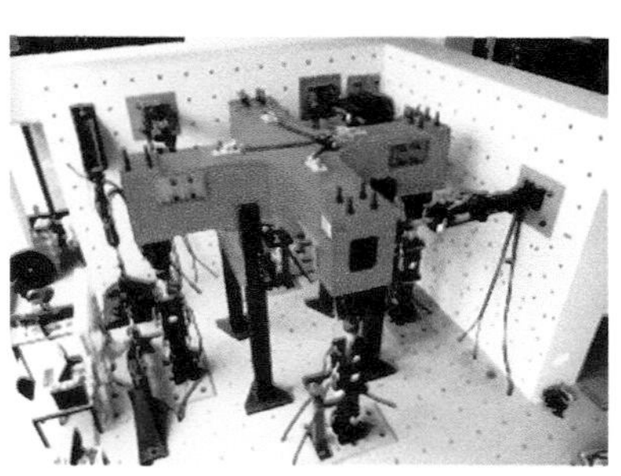

图3-12　斯威本大学MAST加载装置

（图片来源：https：//www.mtschina.com/products/civil-engineering/multi-axial-subassemblage-test-system）

图3-13　台湾地震工程研究中心MATS多自由度加载装置

（图片来源：https：//www.mtschina.com/products/%20civil-engineering/seismic-isolation-bearing-test-system）

图3-14　中建技术中心实验室万吨级多自由度加载试验机

（图片来源：https：//tc.cscec.com/yfytg7_3/202012/3236992.html）

3.4.2 变慢的空间地震（空间多维加载拟静力试验）

采用多自由度加载设备可以方便地进行空间多维加载拟静力试验，多自由度加载装置一般采用6个或8个作动器作为激励源，作动器本身的伸长或缩短是以作动器各自的坐标来计算的，同时试验体的空间加载往往是以某一整体空间坐标中的点作为参照的，这个点就叫控制点，控制点在加载过程中在整体空间中移动，因此，试验体整体空间坐标上的自由度与各个作动器自身的位移和力之间有一个空间坐标转换的关系，这是一个非线性的变换关系，如图3-15所示，可以采用等效线性化的方法进行变换。

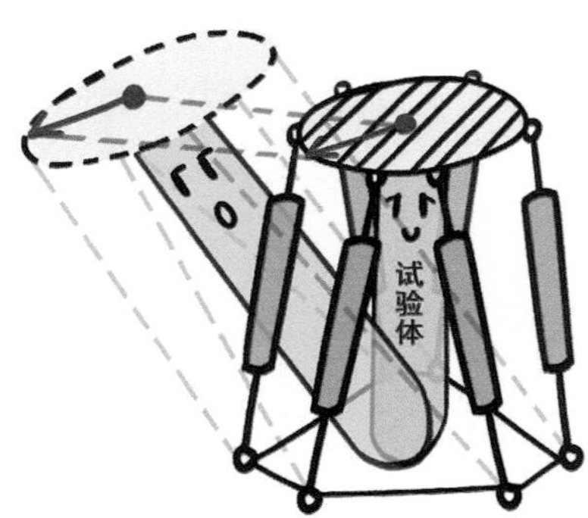

图3-15　六自由度坐标转换示意图

这个加载装置采用并联加载平台（Stewart）的结构实现三向六自由度加载，就是水平X和Y向，竖直Z向，和X、Y、Z三个方向的转动，这种结构采用6个作动器实现空间六自由度的加载，有6个非线性方程组成的方程组需要求解，采用线性化方法可以得到6×6的坐标转换矩阵进行两种坐标系统之间的转换。

中国地震局工程力学研究所王涛研究员团队[19]建立的六自由度拟静力试验采用上位机+下位机的软硬件架构，加载的命令生成模块和坐标转换计算在上位机控制器中，单个作动器的控制在下位机中，采用通信传输站实现上位机和下位机之间的命令和反馈的传输交互，如图3-16所示。

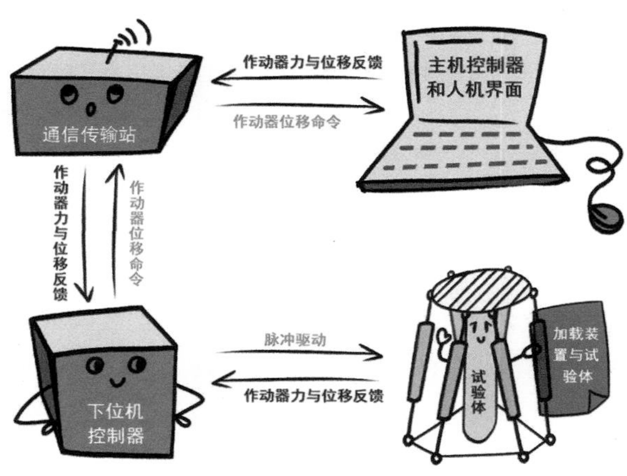

图3-16　加载设备与试验体

如图3-17所示，对一个橡胶棒进行三向六自由度拟静力试验，来验证多维拟静力试验系统的可行性。在橡胶棒的竖向施加50N的力，而其他自由度上采用位移控制的形式进行加载，采用多自由度同时控制加载的形式。预设的加载制度为：在平动自由度上设置从0到10mm逐级增加1mm的循环往复加载测试，而在转动自由度上采用从0度到1度逐级增加0.1度的循环往复加载试验。进行三向六自由度加载，试验结果如图3-18、图3-19所示。

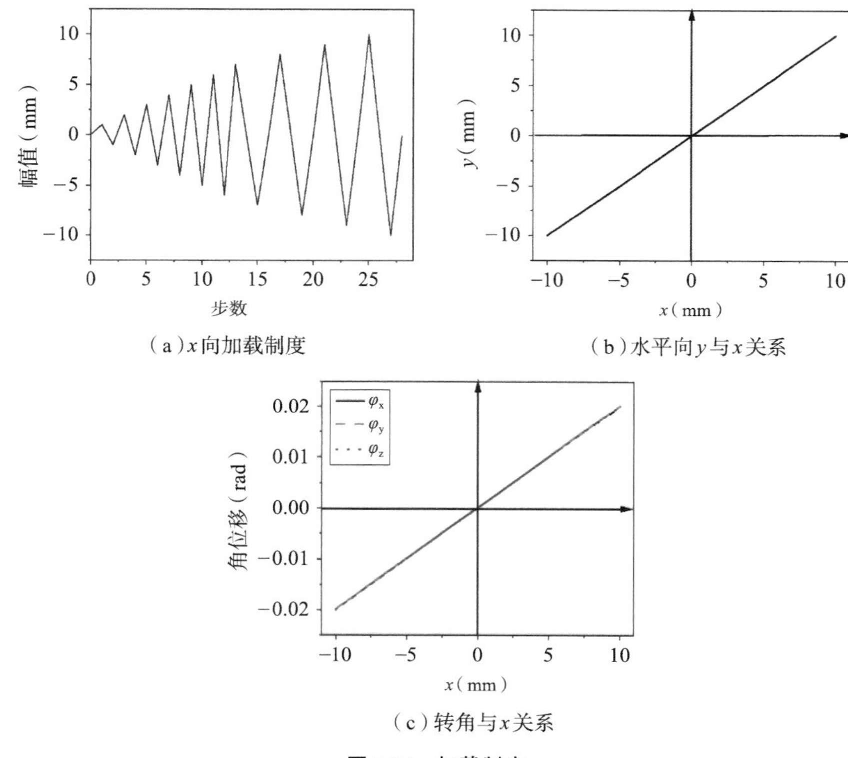

（a）x向加载制度

（b）水平向y与x关系

（c）转角与x关系

图3-17　加载制度

从图3-18可以看出平台的力位移命令响应也保持一致，说明控制效果良好。而从图3-19可以看出由于橡胶棒与固定的盖板之间存在缝隙，导致了同一自由度上正负方向的刚度不一样，而且在位移过大时会有扭转的力存在，使得所测的力变大，不过在小范围内还是保持弹性变形的。而转动方向上由于每次转动角度过小，力测量变化稍慢，不过也能保持弹性变化趋势。此时可以认为平台可保证试验体边界条件的完全模拟。

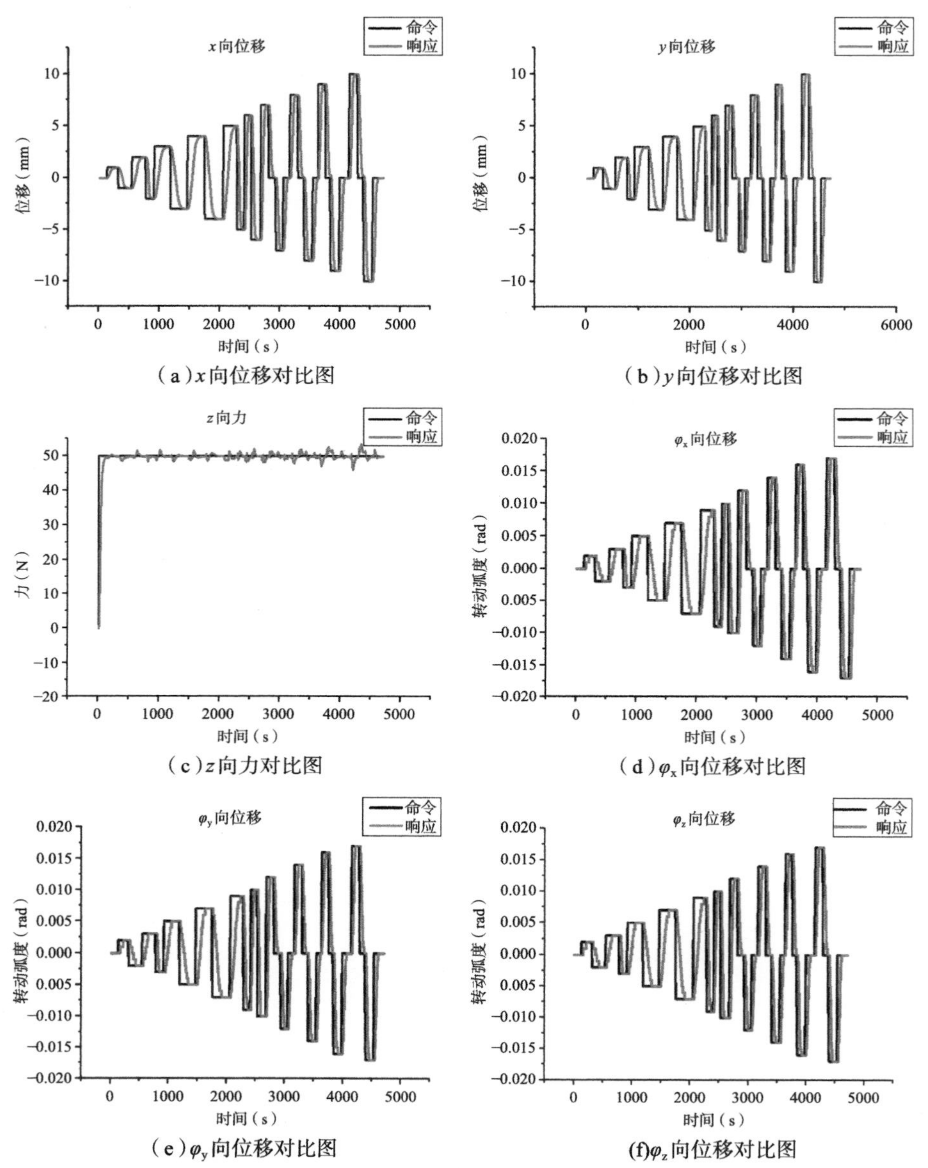

(a) x向位移对比图
(b) y向位移对比图
(c) z向力对比图
(d) φ_x向位移对比图
(e) φ_y向位移对比图
(f) φ_z向位移对比图

图3-18　拟静力试验各个自由度命令与响应对比图

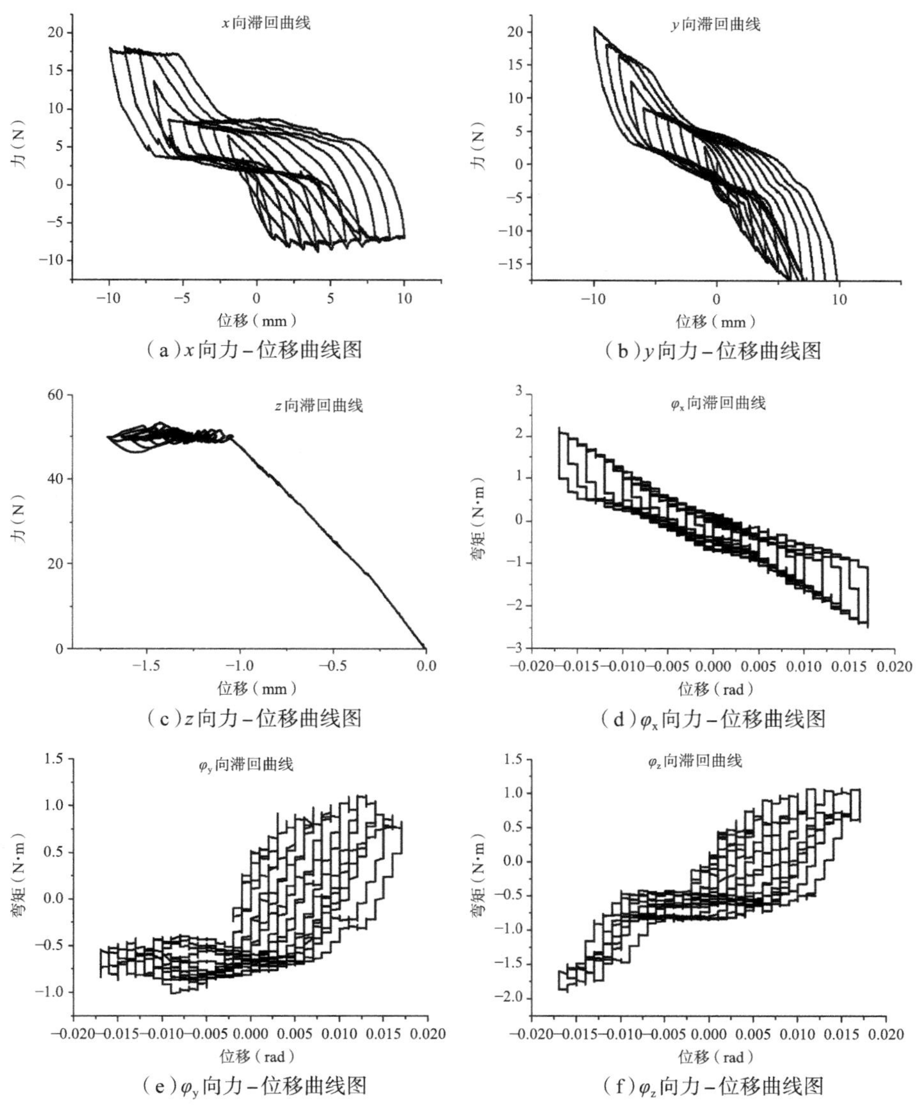

（a）x向力–位移曲线图

（b）y向力–位移曲线图

（c）z向力–位移曲线图

（d）φ_x向力–位移曲线图

（e）φ_y向力–位移曲线图

（f）φ_z向力–位移曲线图

图3-19　拟静力试验六自由度力–位移曲线图

IV

第4章

边试验边分析的地震（拟动力试验）

结构拟静力试验虽然是目前结构抗震试验中应用最广泛的试验方法之一，但是它不能直接反映结构在地震作用下的抗震能力。接下来轮到我们家族中最年轻、发展最快，同时也是最受研究者关注的成员压轴出场，它是我们家族的希望之星——拟动力试验。这也是我们家族中子孙最多的成员，我将只介绍其中的子结构拟动力试验、实时拟动力试验和振动台子结构试验。

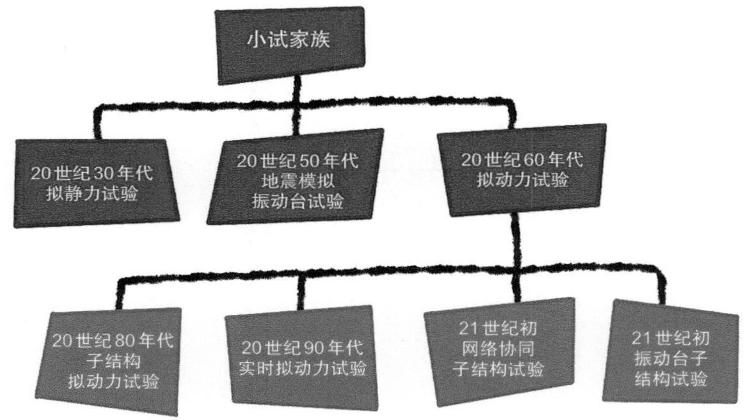

1969年日本科学家伯野元彦博士[3]提出了将计算机（分析）与加载作动器（试验）联机求解结构动力方程的方法，目的是能够真实地模拟地震对结构的作用，也称为拟动力试验方法或计算机—电液伺服作动器联机试验方法，图4-1为第一代拟动力试验。

拟动力试验不需要事先假定结构的恢复力特征，恢复力可以直接从试验对象所作用的加载器地震作用值得到。同时拟动力试验方法还可以用于分析结构弹塑性地震反应，研究结构或构件的恢复力特性模型是否正确，进一步了解难以用数学表达式描述恢复力特性的结构的地震响应。与拟静力试验和振动台试验相比，拟动力试验既有拟静力试验经济方便的特点，又具有振动台试验能够模拟地震作用的能力。

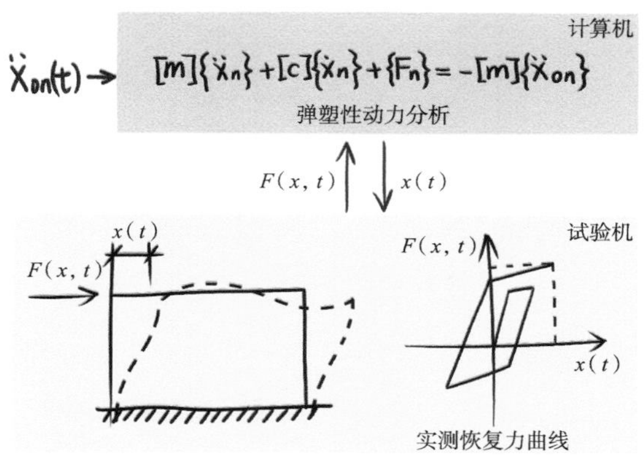

图4-1　第一代拟动力试验原理[10]

4.1
如何边试验边分析（拟动力试验）

4.1.1 边试验边分析的设备

拟动力试验的设备由作动器和计算机两大系统组成。计算机的功能是根据某一时刻输入的地面运动加速度，以及上一时刻试验得到的恢复力计算该时刻的位移反应，加载系统根据这个位移量进行加载实现该位移，从而测出该位移下的力。此外，还对试验中的应变、位移等其他数据进行处理。

加载控制系统包括作动器及控制系统。作动器施加荷载，控制系统根据每一时刻由计算机传来的位移命令信号转化为电信号输出到用于加载的作动器。

4.1.2 边试验边分析的步骤

拟动力试验系统的加载制度和加载流程是从输入地震运动加速度开始的。其工作流程为（图4-2）：

（1）在计算机系统中输入地震动（地震的地面运动加速度）；

（2）当计算机输入第i步地面运动加速度后，由地面运动加速度、测量结构的恢复力、第i步和第i–1步的结构响应在计算机中求得第i+1步的指令位移X_{i+1}；

（3）量测结构的恢复力F_{i+1}和作动器的位移值X_{i+1}；

（4）重复上述步骤，直到地震动输入完毕。

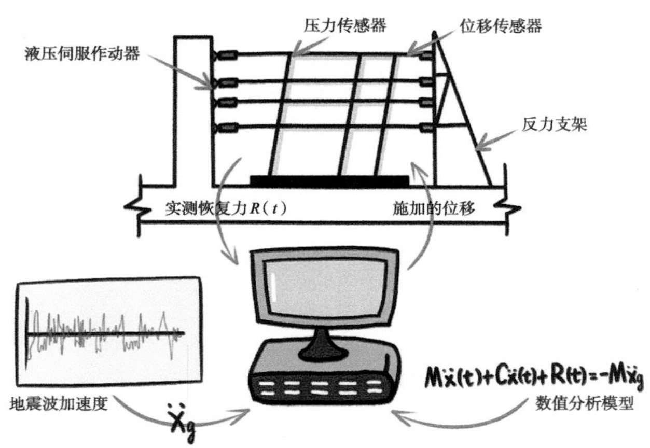

图4-2　拟动力试验的工作流程[20]

4.1.3 边试验边分析的优缺点

拟动力试验具有以下优点：

(1)在整个数值分析过程中不需要对结构的恢复力特性进行假设；

(2)由于试验过程接近静态，因此试验人员有足够的时间观测结构性能的变化和结构损坏过程，获得较为详细的试验资料；

(3)可以对一些足尺模型或大比例模型进行试验；

(4)可以缓慢地再现地震的反应。

其主要的缺点是：不能反映应变速率对结构的影响。

4.2 分成部分边试验边分析(子结构拟动力试验)

到20世纪80年代中期，拟动力试验得到了进一步发展，出现了子结构拟动力试验方法，就是仅仅将人们所关心的整个结构系统中的局部构件或可能出现非线性的部分建立试验模型进行试验(称为试验子结构)，而对于剩余部分则用数值模型模拟(称为数值子结构)，应用拟动力方法进行试验。子结构拟动力试验方法一方面大大降低了试件的尺寸和规模，解决了试验室规模对大型结构试验的限制，同时也降低了试验费用；另一方面由于仅对部分结构进行试验，因此即使是对于自由度数比较多的问题，也可以用很少的作动器进行加载，降低了对试验设备数量的要求，可以方便地进行大型复杂结构的子结构拟动力试验。

4.2.1 分析部分用到的软件

子结构拟动力试验的发展过程中，美国太平洋地震工程研究中心（PEER）开发了开源有限元分析软件——地震工程模拟的开放系统（OpenSees），源代码开放，可以进行自主程序开发，成为地震工程科学研究学术界一个常用的有限元软件（图4-3）。同时，为了将数值子结构有限元求解程序与加载设备系统建立有机的联系，美国加州大学伯克利分校Schellenberg等人开发了一种混合试验的接口软件程序（OpenFresco），可以与OpenSees、ABAQUS、ANSYS等多种有限元软件和MTS、dSpace等多种液压伺服控制系统连接进行子结构混合试验。在国家自然科学基金重大工程动力灾变集成项目的支持下，2012年开始我国武汉理工大学吴斌教授团队杨格、王贞等人开发了子结构拟动力试验接口软件HyTest[21]，这是一款适用于土木工程结构抗震试验的软件，可与OpenSees、ABAQUS和ANSYS等有限元软件及多个厂家试验加载系统结合，实现本地或联网的拟静力试验、拟动力试验、子结构混合试验，支持调用有限元分析软件OpenSees、ABAQUS进行数值计算（图4-4）。

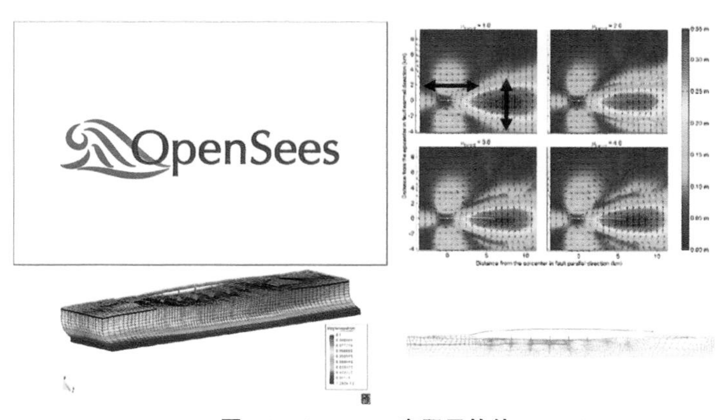

图4-3　OpenSees有限元软件

图4-4　OpenFresco和HyTest[21]试验软件

MATLAB[22]和Simulink[23]：

MATLAB是美国MathWorks公司出品的商业数学软件，用于数据分析、无线通信、深度学习、图像处理与计算机视觉、信号处理、量化金融与风险管理、机器人、控制系统等领域。Simulink是美国Mathworks公司推出的MATLAB中的一种可视化仿真工具。这两种工具软件在拟动力试验的仿真模拟和试验控制中比较常用（图4-5）。

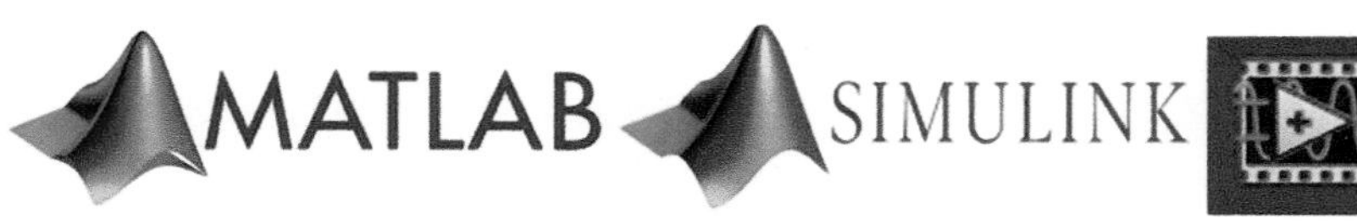

图4-5　MATLAB[22]、Simulink[23]和LabVIEW[24]软件图标

LabVIEW[24]：

LabVIEW是一种程序开发环境，由美国国家仪器（NI）公司研制开发，类似于C和BASIC开发环境，但是LabVIEW与其他计算机语言的显著区别是：其他计算机语言都是采用基于文本的语言产生代码，而LabVIEW使用的是图形化编辑语言G编写程序，产生的程序是框图的形式，如图4-6所示，LabVIEW的程序分为前面板和后面板，前面板相当于界面，后面板相当于后台程序。

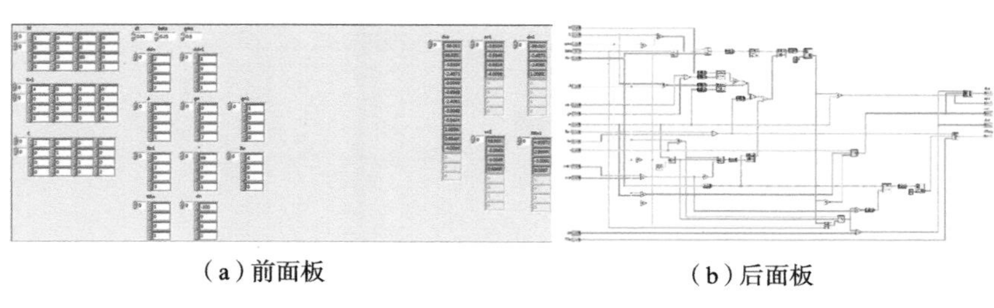

（a）前面板　　（b）后面板

图4-6　LabVIEW的G语言程序

4.2.2 案例：绵竹市回澜立交匝道桥

在汶川地震中位于绵竹市的回澜立交匝道桥发生了严重破坏，防灾科技学院孙治国教授[25]震后调查发现桥墩发生了弯、剪、扭耦合破坏。为了进一步研究曲线桥梁的地震破坏模式，中国地震局工程力学研究所王涛研究员团队[19]采用三向地震动输入进行子结构拟动力试验来研究曲线桥的破坏机理。

基于OpenFresco、OpenSees和LabVIEW 软件和C++软件建立子结构试验的数值子结构求解平台，求解桥梁主体结构的多自由度运动方程。首先在OpenSees中建立曲线桥梁的数值模型，对回澜立交匝道桥的C匝2号墩作为试验子结构，采用橡胶棒模拟缩尺的桥墩模型，其他部分作为数值子结构，进行子结构拟动力试验，子结构拟动力试验的方案如图4-7所示。

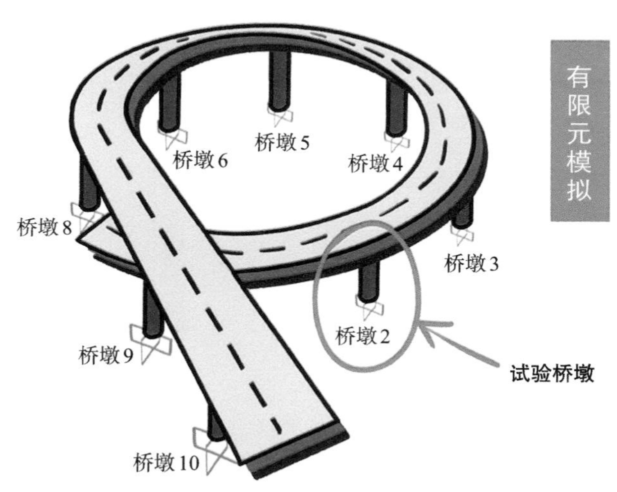

图4-7　回澜立交匝道桥子结构拟动力试验方案

OpenFresco是进行子结构拟动力试验的接口软件，这款软件也是以开发有限元软件的人员为主开发的，所以它继承了OpenSees的优点，即完全开源且操作方便。除此以外，该软件框架可以支持多种可以添加用户自定义单元的有限元软件。

在试验系统中，选用OpenFresco软件作为混合试验系统的接口软件，选有限元分析软件OpenSees作为数值子结构的计算内核，选用LabVIEW作为试验控制设备组成子结构拟动力试验系统，如图4-8所示，未来还将采用3/4缩尺模型进行子结构拟动力试验，试验系统的架构不变。

子结构拟动力试验的信号流是：数值子结构计算内核OpenSees→接口程序OpenFresco→数据采集程序LabVIEW→控制程序。试验系统通过TCP/IP协议实现OpenSees-OpenFresco-LabVIEW之间的通信。

采用可以模拟复杂边界加载的六自由度控制方法，并结合OpenSees-OpenFresco-LabVIEW子结构试验框架进行子结构拟动力试验。对回澜立交匝道桥进行子结构拟动力试验，在2号桥墩与主梁相连边界处将整体结构分开，

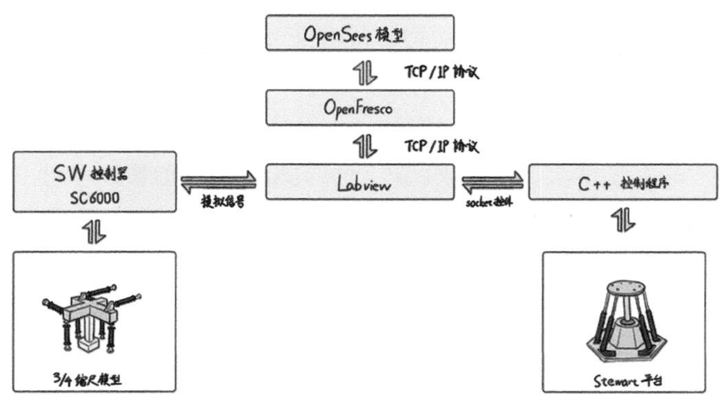

图4-8　多自由度子结构拟动力试验

2号桥墩作为试验子结构，其余部分作为数值子结构，采用橡胶制作的橡胶棒试验体模拟缩尺的桥墩。试验子结构模型如图4-9所示。

图4-9　试验子结构模型

进行0.4g（g即为重力加速度）汶川地震清平台地震动加速度输入下的子结构拟动力试验，验证平台的可行性，得到试验子结构顶部6个自由度的力–位移曲线如图4-10所示。

从上述结果可以看出在0.4g地震动下以橡胶棒为试验体的试验子结构基本保持弹性，进入初步塑性阶段，而随着地震动幅值的增大，逐步进入非线性阶段。从图4-10（c）中可以看出，z向最后出现了一个位移的较大变化，这可能是因为橡胶棒和固定的钢盘之间存在空隙，使得橡胶棒在加载过程中出现了滑移情况。

为了进一步验证子结构拟动力试验系统的可行性，进行了2g三向地震动输入下的子结构拟动力试验，在2g地震动下命令与响应对比情况如图4-11所示。

从图4-11可以看出在2g地震动输入下，桥墩顶部六个自由度的位移响应与命令跟踪很好，试验结果验证了六自由度子结构拟动力试验平台的可行性和准确性。

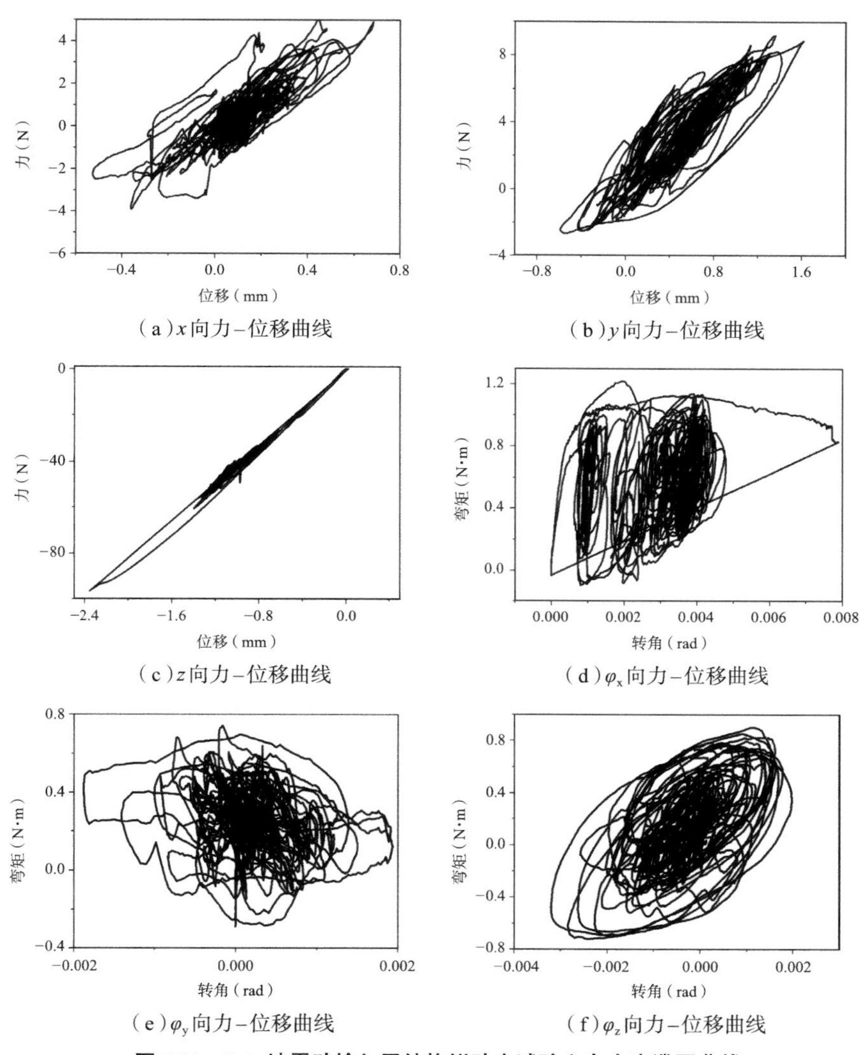

（a）x向力–位移曲线　（b）y向力–位移曲线

（c）z向力–位移曲线　（d）φ_x向力–位移曲线

（e）φ_y向力–位移曲线　（f）φ_z向力–位移曲线

图4-10　0.4g地震动输入子结构拟动力试验六自由度滞回曲线

4.3
真实地震速度的边试验边分析（实时拟动力试验）

4.3.1 真实地震速度是如何实现的

在子结构拟动力试验中，当试验子结构特性与速率有关时，试验子结构需要进行实时加载，例如调谐质量阻尼器、磁流变液阻尼器等，它们的恢复力特征是与时间相关的，因此无法采用慢速的子结构拟动力试验测试采用这些减震

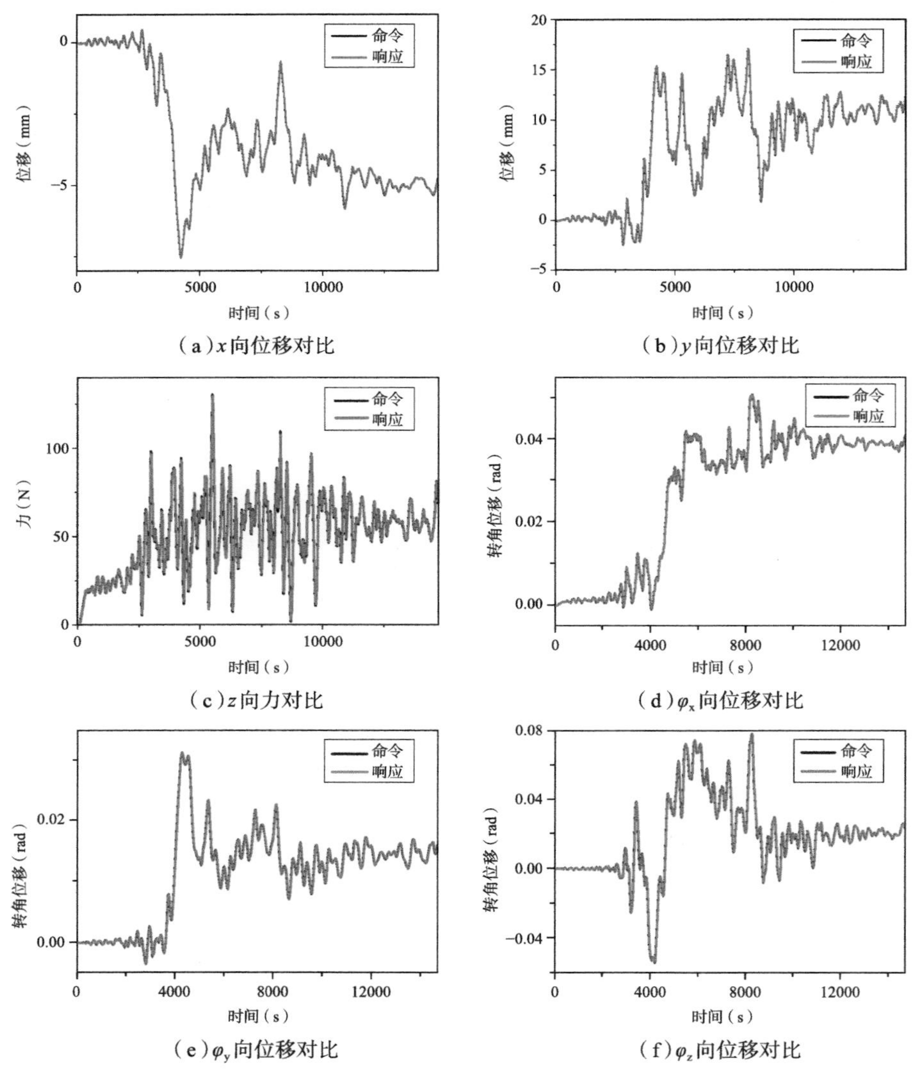

（a）x向位移对比
（b）y向位移对比
（c）z向力对比
（d）φ_x向位移对比
（e）φ_y向位移对比
（f）φ_z向位移对比

图4-11 2g地震动输入子结构拟动力试验六自由度命令与响应对比

装置的房子的抗震能力。1992年日本科学家中岛正爱（Nakashima）教授等提出了实时拟动力试验方法，以准确测试安装阻尼墙结构的减震能力。由于加载速率提高到与真实地震的速率相一致，使得这种试验方法的加载和数值求解相比于子结构拟动力试验更为复杂，图4-12是一个典型的实时拟动力试验示意图。

从图4-12中可以看出，实时拟动力试验与子结构拟动力试验不同的是，

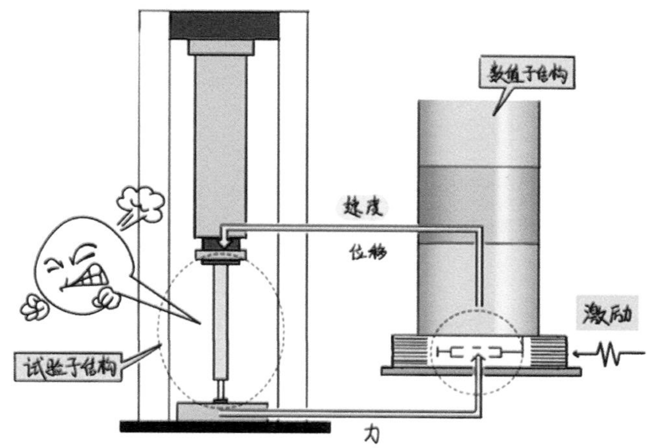

图4-12　实时拟动力试验示意图

数值子结构输出给试验子结构的目标命令不仅包括位移，也包括速度，甚至是加速度，所以加载设备不仅要实现目标位移，还需要实现目标速度甚至加速度。所以在两个方面相较于子结构拟动力试验提出了新的挑战：

（1）数值子结构分析求解过程中的反力需要考虑惯性力和阻尼力，因此这个运动方法的求解未知数更多，对分析求解方法的稳定性要求更苛刻；

（2）作动器加载过程中，需要同时实现期望的速度、位移甚至加速度，这就要求作动器进行动态加载，而液压伺服作动器由于本身动力特性具有一定的延时，因此加载设备的控制和延时的补偿非常重要。

4.3.2 计算部分分析的方法

实时拟动力试验是计算机计算与实时加载结合的试验技术，因此计算部分的稳定性与精度将直接影响到试验的成败。数值部分主要是研究如何进行稳定和快速的求解，随着实时拟动力试验的发展，计算部分的模型越来越复杂，从早期的弹簧质量模型发展到现在多达上万个自由度的有限元模型。由于强烈地震导致按规范设计的结构产生非弹性变形，进行计算部分的求解常采用逐步法。

逐步法：

逐步法有许多种，但所有方法都将荷载和反应历程分成一系列时间间隔或“步”[26]（图4-13）。每步期间均以此时间步开始时存在的初始条件（位移和速度）和该时间步期间的荷载输入来计算反应。一种逐步法是使用数值方法（数值微分或数值积分）即在每一时间步内近似地满足运动方程，国内外学者提出了很多很好的逐步数值算法，例如一些无条件稳定的逐步数值积分算法OS（Operator-splitting）方法、CR（Chencheng and James Ricals）方法和KR-α（Chinmoy Kolay and James M. Ricles）方法，无条件稳定的逐步数值积分算法使进行大规模自由度数值子结构的实时计算求解成为可能。一种逐步数值方法差分格式如果对于任何时间步长与空间步长都是稳定的，则称该格式算法具有无条件稳定性，就是说时间间隔（积分步长）无穷大，差分逐步算法计算都是稳定的。

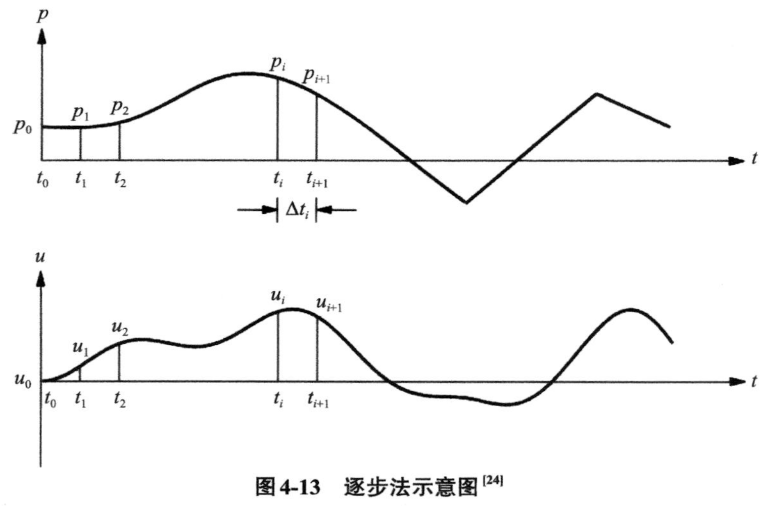

图4-13　逐步法示意图[24]

实时拟动力试验的逐步数值算法分为显式算法和隐式算法两种，显式逐步数值算法的位移、速度和加速度都是由已知的信息求得，因此计算简单，也有无条件稳定的逐步数值算法。隐式数值算法的下一步的位移、速度和加速度不能由已知信息得到，需要进行迭代求解，迭代求解过程中通过不断地试凑，从而得到满足误差要求的下一步的位移、速度和加速度，因此不一定在一个积分步长内求出满足误差要求的结构反应。另外，迭代过程中得到的位移可能出现从正反两个方向逼近精确解，就会导致作动器的反复加载，由于土木工程构件的性能一般具有路径相关性，反复加载可能导致试验体的特性发生变化，因此迭代求解在实时拟动力试验中应用比较少，目前发展显式无条件稳定的数值算法成为主流。

4.3.3 真实地震速度实现的方法

实时拟动力试验需要采用动态液压作动器进行加载，液压作动器本身一般会有液压伺服控制器对其进行位移控制，构成了作动器本身的控制闭环。同时试件通过力传感器连接到反力装置上，在试验过程中力传感器测量得到的反力反馈到外部的数值子结构求解电脑中，因此存在两个控制闭环，作动器控制闭环和外部控制闭环，如图4-14所示。

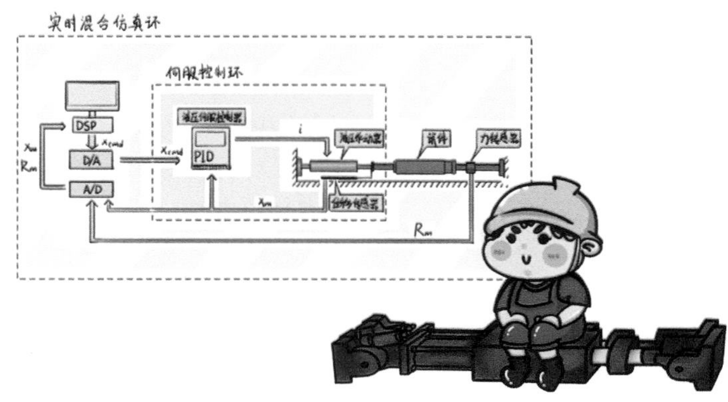

图4-14　实时拟动力试验的液压伺服加载系统流程

如图4-15所示，液压伺服作动器由电液伺服阀和液压作动器组成，伺服阀接收到命令信号，力矩马达转动带动阀芯移动，使得高压油进入作动器油腔，推动活塞杆运动，因此这是一个非常复杂的机械机构，由于线圈本身的磁电效应和具有一定黏性的油通过阀的流量特性，使得作动器从得到命令到做出响应之间存在一定的延迟，这个延迟被称为“时滞”。

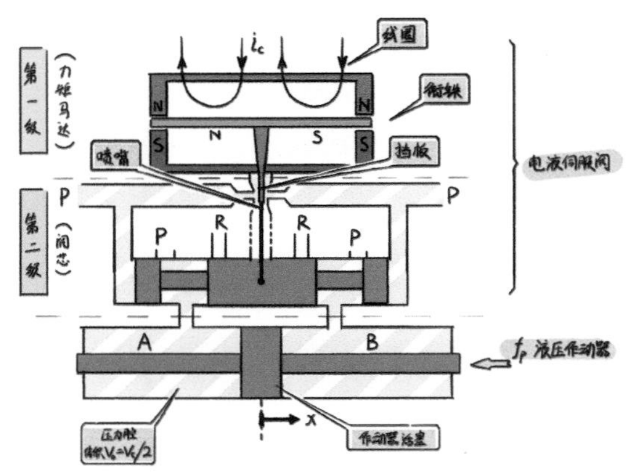

图 4-15　动态液压作动器示意图

时滞：

液压伺服作动器是一个复杂的机械系统（图 4-15），采用这种机械设备进行加载的时候，存在不同程度的时间滞后，我们称之为时滞。从图 4-16 中可以看出，数值子结构计算出来的位移命令，需要通过 AD、DA 或数据通信等设备传输给液压伺服控制器，这带来通信的时滞，数值子结构的求解需要一定的积分步长，因此数值求解过程也带来 1 个计算时步的滞后，通信和计算过程中的延迟是固定的，因此它们带来了固定的滞后；还有一部分是由于作动器的动力特性导致的，这一部分延迟是与频率相关的，这两种时滞在响应中的效应如图 4-16 所示。

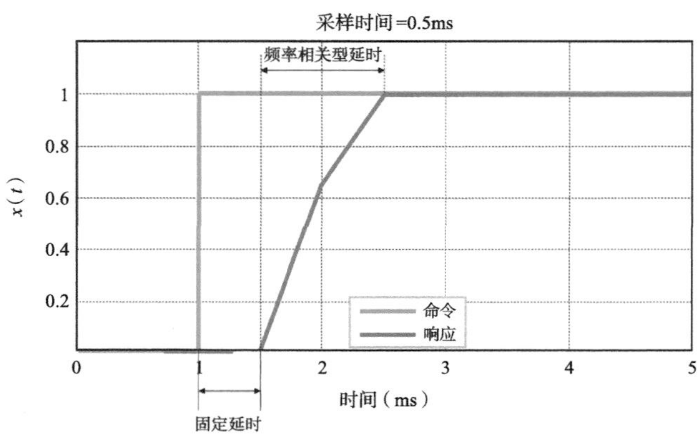

图 4-16　时滞的示意图

时滞的存在对实时拟动力试验的成功是不利的，如图4-17所示。从图4-17（a）中可以看出，测量位移相比较于期望位移存在一个时间延后T_d，就是时滞，时滞与命令信号的频率、幅值都有关系。因为时滞的存在，在正向加载时，同一时刻测量位移的幅值要比期望位移小，负向加载时，同一时刻测量位移的幅值要比期望位移大。要是将期望位移作为横坐标，测量位移作为纵坐标，可以得到如图4-17（b）所示的曲线。从图4-17（b）中可以看出，期望位移与测量位移之间由于时滞的存在，出现了一个逆时针方向的滞回，而不是没有时滞时的线性关系。同样地，假设试验体是线弹性的，恢复力R^E与测量位移是一个线性的比例关系，将期望位移作为横坐标，恢复力作为纵坐标，可以得到如图4-17（c）所示的曲线，实时拟动力试验过程中力响应和位移响应之间存在一个逆时针的滞回环，而通常结构构件的滞回环是顺时针方向的，我们知道结构的塑性变形导致的滞回特性会带来耗能，等效于正阻尼，因此逆时针方向的滞回环可以等效为负的阻尼，负的阻尼会减少系统的能量耗散，相当于给系

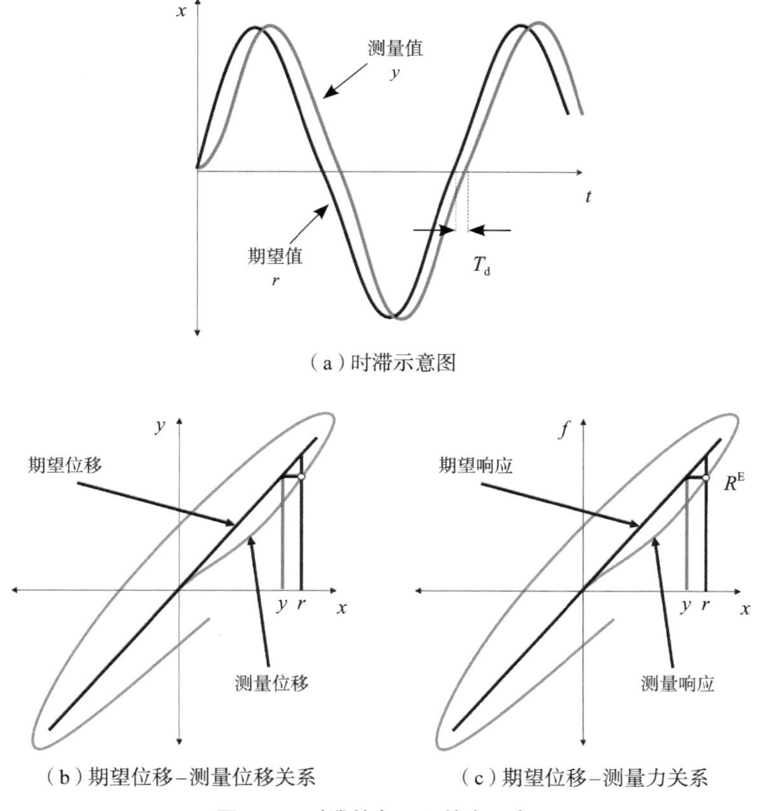

图4-17　时滞的负阻尼效应示意图

统输入了能量，会产生使位移响应变大的趋势，产生不利的效果。假如负阻尼大于结构自身的阻尼，系统的能力越来越大，响应的幅值也越来越大，就有可能破坏设备或试验体，最终导致试验失败。因此需要对这个时滞效应进行补偿，消除负阻尼的影响。

动态液压作动器加载控制主要是对作动器的时滞进行补偿，从而保证实时混合试验的稳定性和精度。在试验部分，实时拟动力试验因为速度快，与真实地震的速度是一样的，对加载设备提出了很高的要求，真实的加载设备例如电液伺服作动器，存在不同程度的时滞，这些时滞会对结构带来负阻尼的影响。因为时滞对实时拟动力试验的成功非常重要，各个国家的学者开发了很多的时滞补偿算法来补偿时滞，最简单的时滞补偿就是针对时间的延后，设计提前发送命令的措施，这样使得实际的效果是响应可以跟踪上命令，而预测的依据是什么呢，就是根据已知的数据点，采用多项式对曲线进行拟合，然后由未来时刻和多项式向前推算 T_d 的测量位移，将那个位移提前到当前发送给作动器加载，从而使得实际的测量位移与期望位移一致，这就是多项式外插时滞补偿方法，例如图4-18所示。由于时滞会随着信号幅值和频率的变化而变化，固定

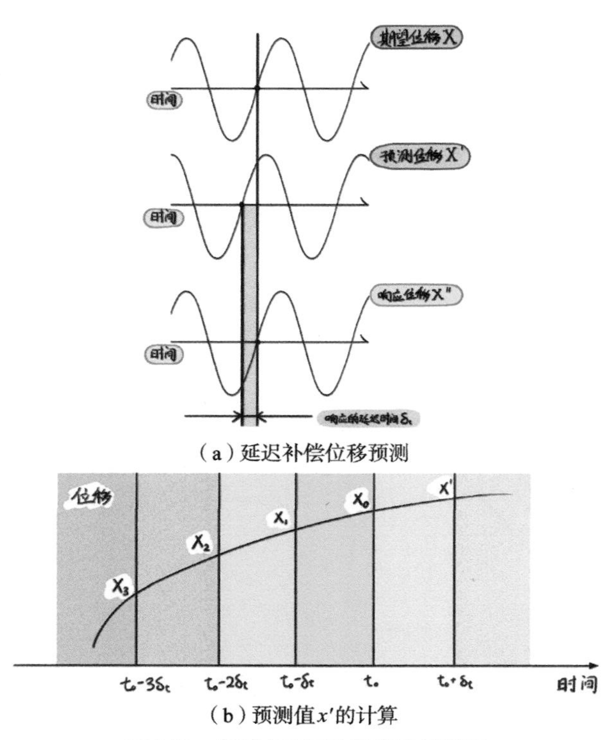

（a）延迟补偿位移预测

（b）预测值x'的计算

图4-18　多项式外插补偿方法示意图

时滞的假设在大多数情况下不能满足，因此后来发展了自适应时滞补偿方法，可以补偿变化的时滞，已经成为研究的热点。

4.3.4 案例：磁流变液阻尼器实时拟动力试验

实时拟动力试验自从提出以来，机械、航空航天、结构控制等方面，特别是被广泛应用在各种结构减震控制的领域，例如磁流变液阻尼器控制结构振动和地震响应的研究。

2011年武汉理工大学吴斌教授团队成员在英国布里斯托大学先进控制实验室进行了安装磁流变阻尼器的单自由度结构实时拟动力试验。如图4-19所示的单自由度结构，取一部分阻尼C_E作为试验子结构，结构的质量、刚度和部分阻尼做数值子结构，采用作动器进行实时混合试验的加载，如图4-20所示，数值子结构计算得到输出给阻尼器的位移，通过作动器进行加载，然后力传感器测量阻尼器的阻尼力反馈给数值子结构，数值子结构接收到反力后进行下一步的数值计算，如此循环，最终得到结构在地震作用下的响应。在这个实时拟动力试验中，分别采用固定时滞补偿和自适应时滞补偿进行试验，并与无补偿情况比较，得到结构的位移响应和误差如图4-21和图4-22所示。从图4-21和图4-22可以看出，自适应时滞补偿得到的响应与命令最接近。

图4-19　单自由度结构示意图

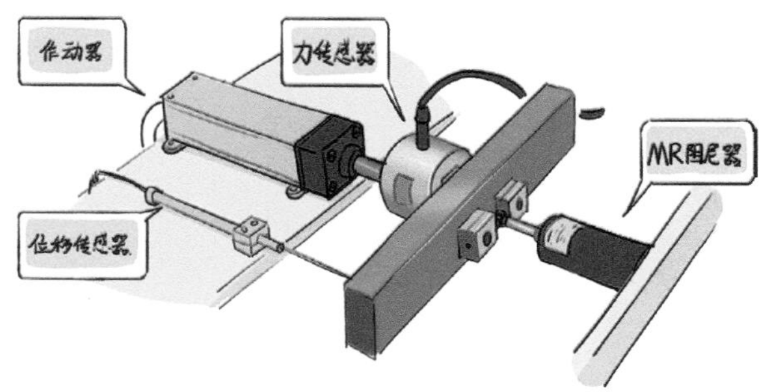

图4-20　磁流变液阻尼器的实验装置照片

实时拟动力试验自从提出以来，不断得到应用，不仅应用于速度相关型阻尼器，也应用于加速度相关型的调谐液体阻尼器和调谐质量阻尼器，呈现出遍地开花的局面。

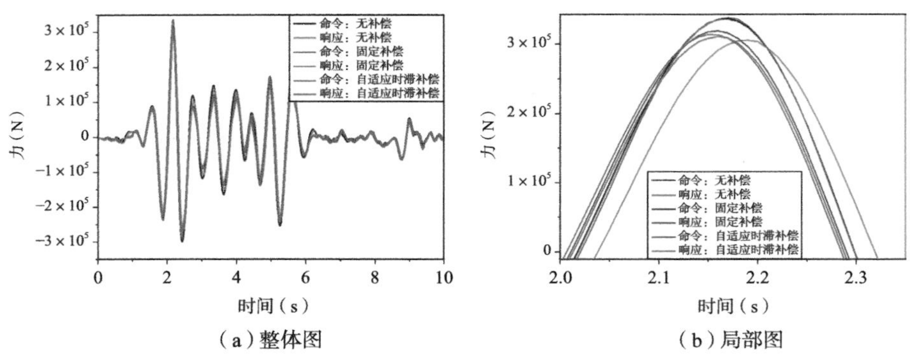

（a）整体图　　（b）局部图

图4-21　实时拟动力试验的结构响应曲线

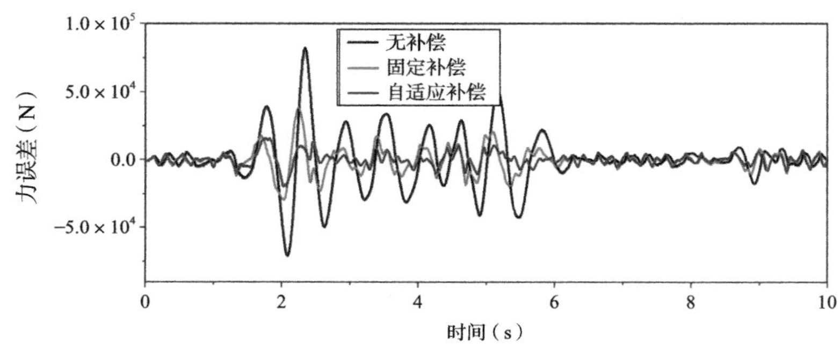

图4-22　响应误差

4.4
台子上的边试验边分析（振动台子结构试验）

4.4.1 台子上边试验边分析的好处

地震模拟振动台试验是模拟地震最直接的手段，可以进行地震的输入，但是由于地震模拟振动台台面承载力的限制，不能够做太大规模的地震模拟试验，虽然现代地震模拟振动台建设规模越来越大，例如日本的E-defense振动台和加州大学圣地亚哥分校室外地震模拟振动台，但是其承载能力也只有1000～2000多吨，只能做6～7层房子的地震模拟振动台试验。因此，有人想是否可以把结构的一部分做振动台试验，其他部分进行数值模拟，提出了振动台子结构试验方法，这样既可以利用振动台的优点，又可以利用子结构试验的优点，这种试验方法特别适用于调谐质量阻尼器和调谐液体阻尼器的试验验证。振动台子结构试验与实时拟动力试验最大的不同是，加载设备是振动台而不是作动器，因为振动台是由作动器驱动的，从某种意义上说，振动台子结构试验可以看作实时拟动力试验的一种。

4.4.2 案例：调谐液体阻尼器减震

调谐液体阻尼器在结构风致振动控制中应用很广泛，为了研究调谐液体阻尼器对结构振动的控制作用，2009年武汉理工大学吴斌教授团队在哈尔滨工业大学3m × 4m振动台上进行了调谐液体阻尼器振动台子结构试验，如图4-23所示。他们将足尺的调谐液体阻尼器（图4-24）作为试验子结构，将主

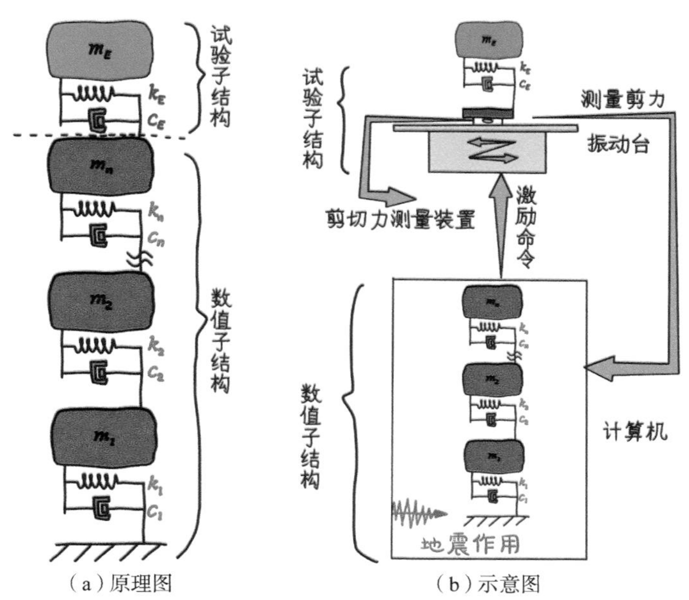

（a）原理图　　（b）示意图

图4-23　调谐液体阻尼器减震振动台子结构试验

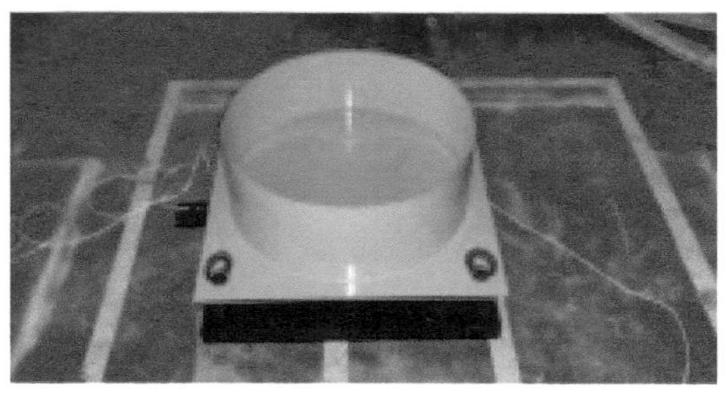

图4-24　足尺调谐液体阻尼器

体结构作为数值子结构在计算机中进行数值计算，调谐液体阻尼器底部产生的剪切力采用剪切力传感器测量（图4-25）反馈给数值子结构，数值子结构计算下一步振动台要实现的位移或者加速度，从而实现调谐液体阻尼器减震控制建筑的振动台子结构试验，振动台子结构试验得到楼顶的位移响应比较和调谐液体阻尼器底部剪力如图4-26所示。

从图4-26中可以看出，安装调谐液体阻尼器以后，结构的位移响应得到了很好的控制，调谐液体阻尼器底部产生了相应的剪切力，很好地验证了调谐

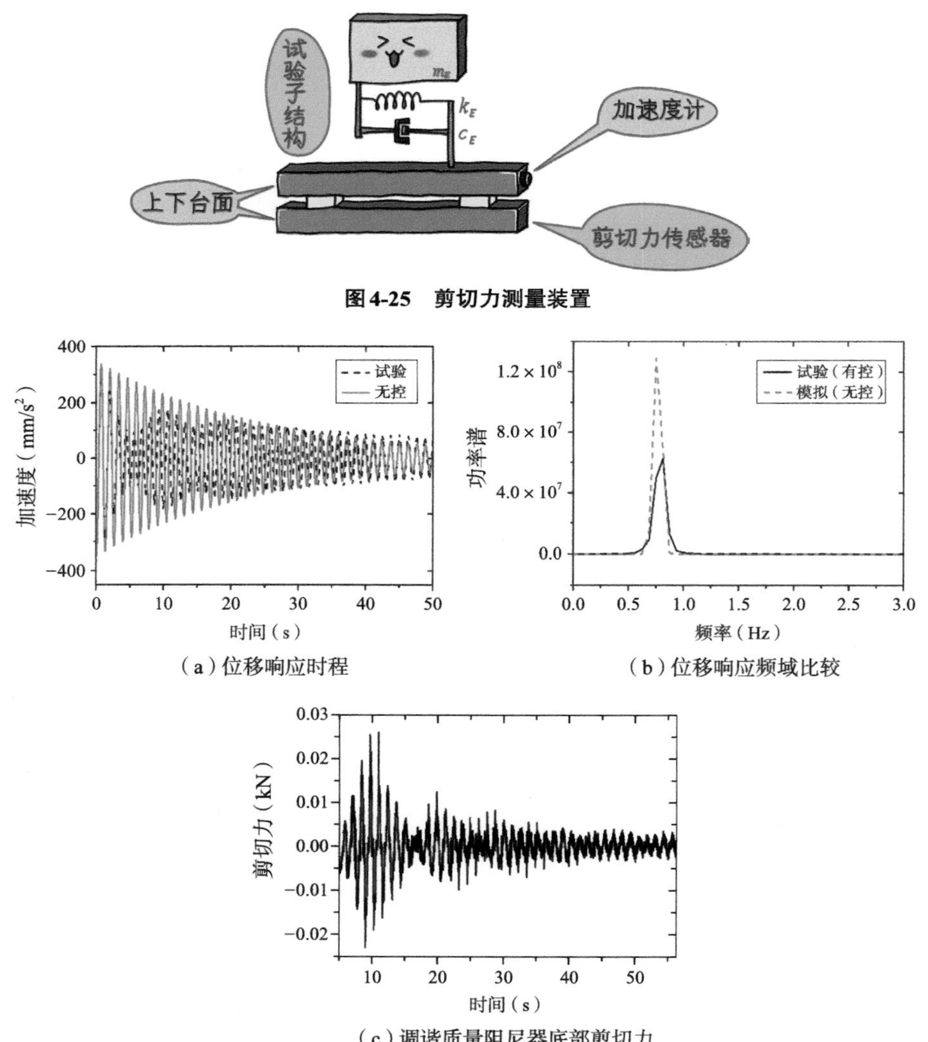

图4-25　剪切力测量装置

（a）位移响应时程

（b）位移响应频域比较

（c）调谐质量阻尼器底部剪切力

图4-26　调谐液体阻尼器减震结构位移和剪切力响应

液体阻尼器减震结构在地震下的优良抗震能力。

4.4.3 案例：高速铁路行车

2019年中国地震局工程力学研究所王涛研究员团队[27]联合中南大学国巍教授和厦门大学古泉教授对高速铁路行程的车桥耦合振动进行了振动台子结构试验。试验对象为高速铁路桥梁轨道与车体组成的系统（车桥耦合系统），图4-27为车辆和桥梁相互作用系统的简图，将车桥系统看作三自由度系统，分别是车体、转向架和桥梁，试验中只考虑桥梁的竖向位移。

图4-27　车桥相互作用系统简图

当车辆高速行驶时，车轮与桥梁轨道之间的振动会影响高速车辆的稳定性，桥梁截面参数（梁高、腹板厚度、截面积、惯性矩等）会影响桥梁的自振频率，这些参数实质上影响桥梁的刚度，会使得桥梁振动的信号处于不同频带，进而测试时滞补偿方法对不同频率信号的补偿效果。将振动台子结构试验技术应用于车桥相互作用系统中，以研究桥梁截面参数对车辆行驶稳定性的影响。

在高速铁路车桥耦合系统的振动台子结构试验中，将7跨（每跨32m）桥梁的简支梁桥作为数值子结构，桥梁简化模型如图4-28所示，将桥梁简化为简支梁，桥梁、桥墩和地基之间力传递均看作弹簧阻尼。

振动台子结构试验框架如图4-29所示。使用到的软件为Matlab/Simulink

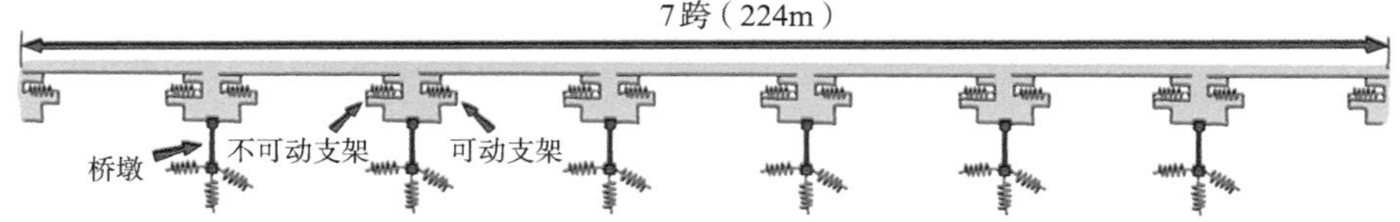

图4-28　数值子结构模型

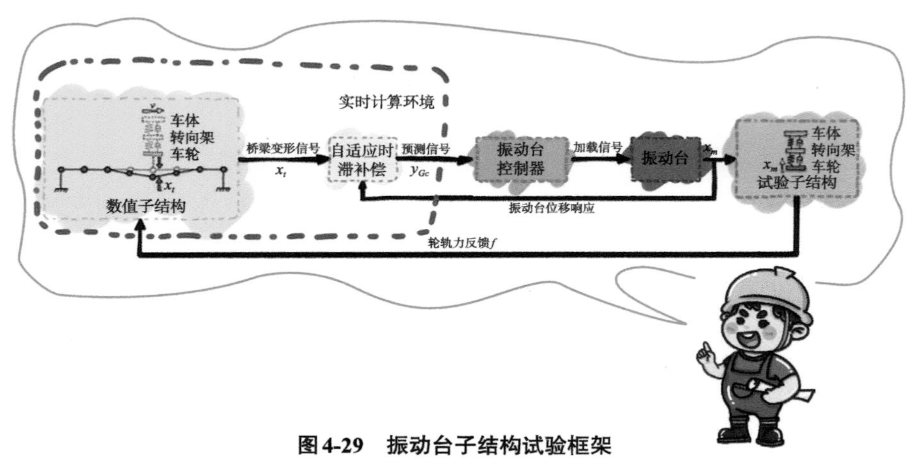

图4-29　振动台子结构试验框架

和振动台控制软件，Matlab/Simulink用来搭建数值桥模型和自适应时滞补偿算法，振动台控制软件接收到预测信号x_{com}控制振动台运动；硬件为算法运行平台实时计算环境以及加载平台单方向振动台。振动台子结构试验开始前将Matlab/Simulink中数值子结构、控制算法等编译后下载至实时计算环境中，通过实时通信设备进行发送和接收数据，试验中的数据采样频率为1024Hz，上述软硬件构成振动台子结构试验的实时环境。

小贴士：

采样频率：

数字式控制器或数据采集设备1s内完成模拟量/数字量（A/D）转换的次数。

将车体和转向架简化的1/4车体模型作为试验子结构，车体模型为质量块，重量为真实车体质量的1/4，转向架采用弹簧阻尼代替，图4-30为试验子

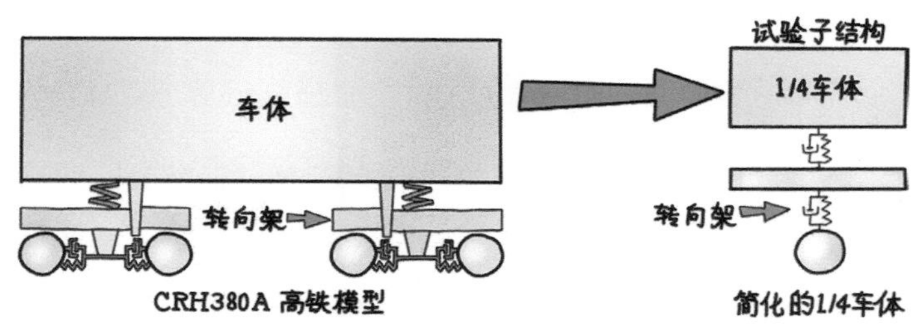

图4-30　试验子结构模型等效示意图

结构模型等效示意图，图4-31为试验体和传感器布置图。

为了研究桥梁刚度对高铁车辆行车安全的影响，设计了3个工况，每种工况的桥梁主梁截面不同，对应的刚度也不同，进行3个工况振动台子结构试验，得到桥梁竖向变形的命令与响应的时域比较图如图4-32所示。从图4-32（a）～（c）中可以看出，时滞在4ms以下，说明试验系统的控制和时滞补偿效果很好。从图4-32可以看出，除了峰值有点误差，这三种工况下命令曲线和响应曲线吻合度高，表明振动台子结构试验具有较高的精度。

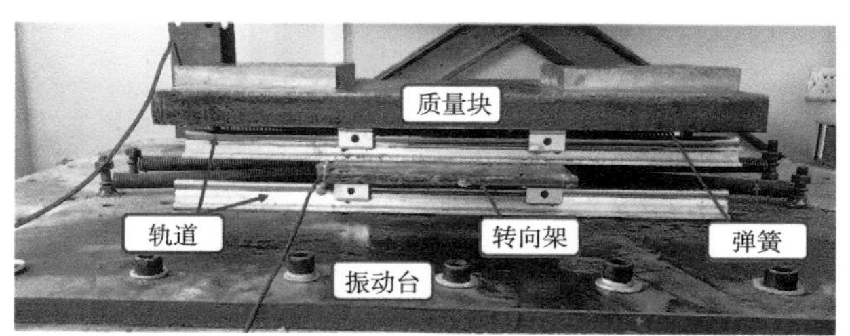

（a）正面图

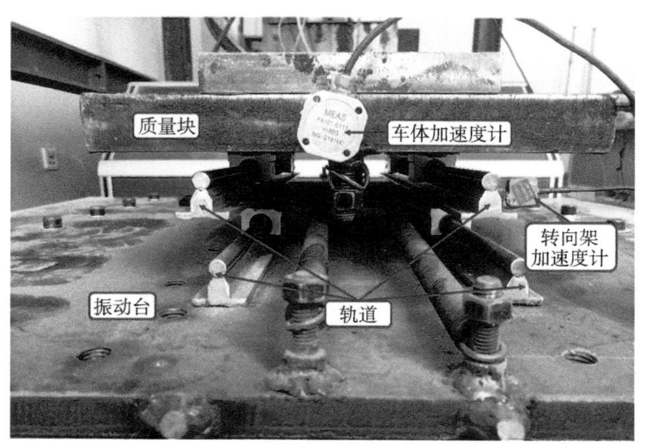

（b）侧面图

图4-31　试验体及传感器布置图

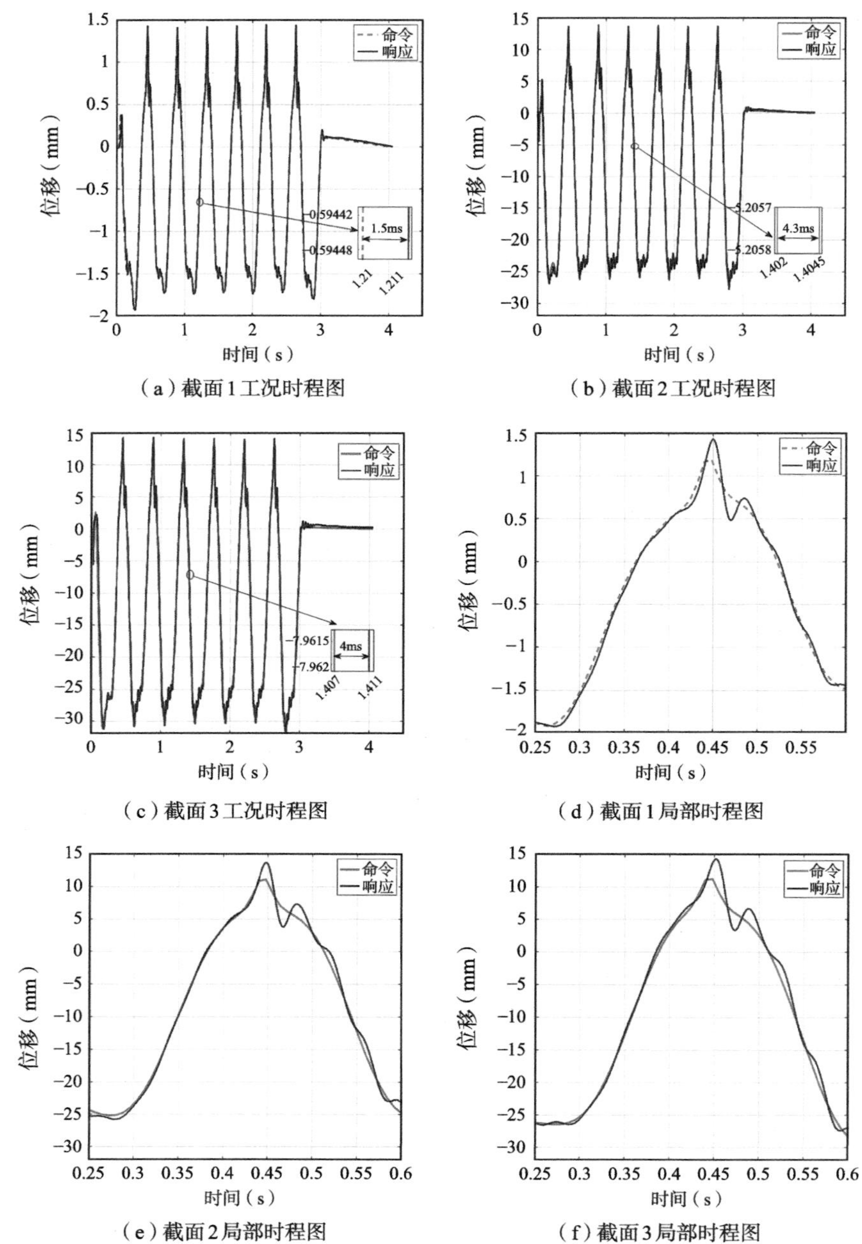

（a）截面1工况时程图　（b）截面2工况时程图

（c）截面3工况时程图　（d）截面1局部时程图

（e）截面2局部时程图　（f）截面3局部时程图

图4-32　命令与响应信号比较的时程图

第5章

新的尝试（未来发展方向）

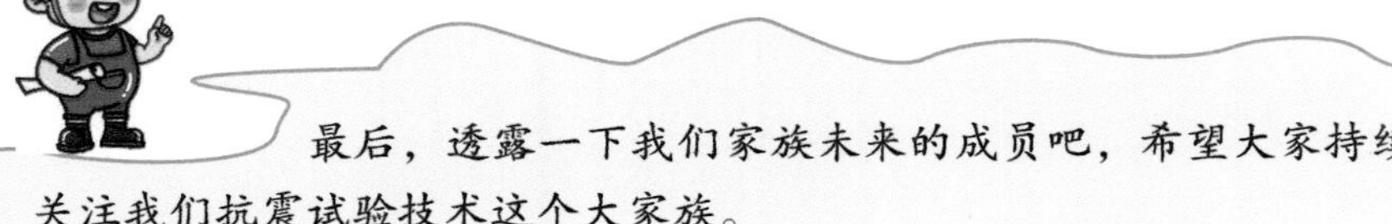

最后，透露一下我们家族未来的成员吧，希望大家持续关注我们抗震试验技术这个大家族。

5.1
越做越大（设备大型化趋势）

由于我国工程建设在世界上居于领先地位，新建了很多大型复杂结构，因此对它们做试验的对象也有大型化和复杂化的趋势。随着试验技术的发展，加载设备有大型化的趋势，使得拟静力试验方法、拟动力试验方法和地震模拟振动台试验方法也不断得到发展，为适应试验技术发展的需要，大型的加载设备建设也不断涌现。我国作为发展中的大国，在大型试验设备建设方面走在世界前列，目前高端的加载设备例如大型地震模拟振动台主要被国外厂家垄断，近年来国产大型地震模拟振动台的稳定性和精度取得了长足的进步，有望在未来实现国产化。

我国天津大学大科学装置地震模拟研究平台（图5-1）将建成世界上最大的地震模拟振动台，广州大学已建成世界上最大的阻尼器试验机，北京建筑大

图5-1　天津大学国家重大科技基础设施——大型地震工程模拟研究设施

（图片来源：http: //news.tju.edu.cn/info/1002/40112.htm）

学建设中的三向六自由度地震模拟振动台四台阵（图5-2）等。实验室建设往往是与试验技术和结构抗震理论的发展同步，实验室建设永远在路上。

图5-2　北京建筑大学振动台台阵

（图片来源：https：//www.xianjichina.com/special/detail_437048.html）

小贴士：

图5-3为广州大学工程抗震研究中心8m×10m+4m×4m +4m×4m三台阵地震模拟振动台系统构成，其中大台尺寸为8m×10m，联合两个4m×4m的小振动台，可以进行桥梁和隧道的多点地震动输入试验，是目前世界上已建成的最大的地震模拟振动台台阵。

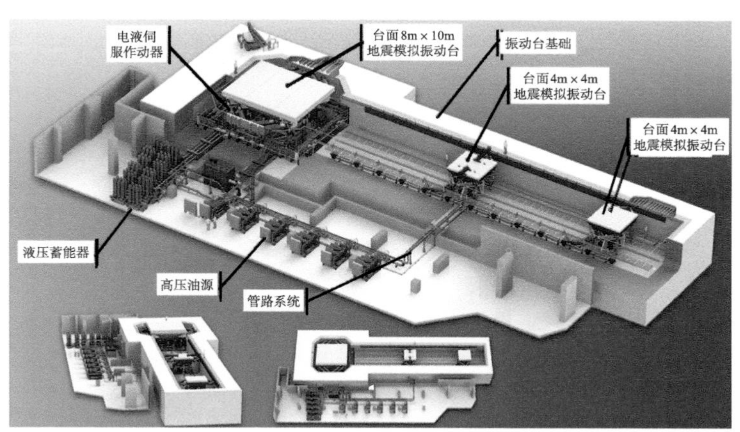

图5-3　广州大学地震模拟振动台台阵系统（大学城校区）

5.2
越做越多（多灾害工程）

近年来，由于地球变暖，海啸、飓风等极端气候灾害频发，这些极端气候灾害往往带来次生灾害等多种灾害的作用，对房子的性能提出了新的挑战。

小贴士：

2011年3月11日东日本发生9.0级海底大地震，此次地震引发的巨大海啸（图5-4）对日本东北部岩手县、宫城县、福岛县等地造成毁灭性破坏，并引发福岛第一核电站核泄漏。

图5-4　2011年东日本大地震导致海啸

针对地震或极端天气导致的多种灾害对房子安全的影响，美国Shirley J Dyke教授发起第一届多灾害工程混合试验国际研讨会，于2017年12月在美国圣地亚哥举行，国际上有30多位试验技术方面的专家参会。国际上多种灾害作用下的结构性能评估试验是未来的试验技术发展方向[28]。

参考文献

[1] 汶川特大地震四川抗震救灾志编纂委员会编. 汶川特大地震四川抗震救灾志·总述大事记[M]. 成都：四川人民出版社，2017：6-35.

[2] Young C R，Jackson K B. The relative rigidity of welded and riveted connections[J]. Canadian Journal of research，1934，11（1）：62-134.

[3] Kubo K，Okada T，Kawamata S. Studies on a seismicity of civil structures[J]. Seisan Kenkyu，Institute of Industrial Science，University of Tokyo. 1972，24（3）：1-18.（in Japanese）

[4] Wu B，Xu G，Li Y，Shing P，Ou J. Performance and application of equivalent force control method for real-time substructure testing[J]. Journal of Engineering Mechanics（ASCE）2012，138（11）：1303-1316.

[5] 潘鹏，王涛，中岛正爱.在线混合实验进展——理论与应用[M].北京：清华大学出版社，2013.

[6] 朱伯龙.结构抗震试验[M].北京：地震出版社，1989.

[7] 宋彧，周新刚.土木工程试验[M].北京：中国建筑工业出版社，2011.

[8] 熊仲明，王社良.土木工程结构试验[M].北京：中国建筑工业出版社，2006.

[9] 王吉民.土木工程试验[M].北京：北京大学出版社，2013.

[10] 姚振纲，刘祖华.建筑结构试验[M].上海：同济大学出版社，1996.

[11] 张敏政，郭迅，陈惠民.深圳邮电中心的地震模拟实验研究[J].中国地震学会第六次学术大会论文摘要集，1996：151.

[12] 吕西林，邹昀，卢文胜，等.上海环球金融中心大厦结构模型振动台抗震试验[J].地震工程与工程振动，2004（3）：57-63.

[13] 林春阳，戴君武.汶川地震受损钢筋混凝土框架结构原位动力试验[J].结构工程师，2011，27（S1）：157-161.

[14] 邱法维，钱稼茹，陈志鹏.结构抗震实验方法[M].北京：科学出版社，2000.

[15] 周颖，吕西林.建筑结构振动台模型试验方法与技术[M].北京：科学出版社，

2012.
[16] Nakata N, Spencer, Billie F, et al. Multi-dimensional mixed-mode hybrid simulation control and applications[D]. University of Illinois at Urbana-Champaign, 2007.
[17] 黄浩华.地震模拟振动台的设计与应用技术[M].北京：地震出版社，2008.
[18] Zhou H, Wang T, Du C, et al. Multi-degree-of-freedom force-displacement mixed control strategy for structural testing[J]. Earthquake Engng Struct Dyn. 2020：1-21.
[19] 朱尚毅.曲线桥梁压弯剪扭失效的混合试验研究[D].北京：北京科技大学，2019.
[20] 易伟建，张望喜.建筑结构试验[M].北京：中国建筑工业出版社，2005.
[21] 杨格，王贞，吴斌，等.建筑结构混合试验平台HyTest的开发研究[J].建筑结构学报，2015，36(11)：149-156.
[22] The MathWorks Inc.. MATLAB.version 8.3. 2014, Natick, Massachusetts.
[23] The MathWorks Inc.. Simulink and xPC target.2014, Natick, Massachusetts.
[24] Johnson G W, Jennings R. LabVIEW graphic programming[M]. Mcgraw-hill Professional, 2001.
[25] Sun Z, Wang D, Guo X, et al. Lessons learned from the damaged Huilan interchange in the 2008 Wenchuan earthquake[J]. Journal of Bridge Engineering, ASCE, 2012, 17(1): 15-24.
[26] Chopra A K. Dynamics of structures: theory and applications to earthquake engineering[M]. 4th edition. Prentice-Hall, Englewood Cliffs, 2012.
[27] 张博，周惠蒙，田英鹏，等. 实时混合试验的自适应线性二次高斯时滞补偿方法[J].工程力学，2022，39(3)：75-83.
[28] Tian Y, Wang T, Zhou H. Reproduction of Wind and Earthquake Coupling Effect on Wind Turbine Tower by Shaking Table Substructure Test. International Journal of Lifecycle Performance Engineering (IJLCPE), 2020, 4(1, 2, 3): 133-156.

结　语

结构抗震试验方法对普通大众来说比较陌生，虽然有经典专业书籍可以参考，例如清华大学邱法维老师的《结构抗震实验方法》，但市面上介绍结构抗震试验方法的科普书籍还是空白，本书编写尽力使内容科普化，希望可以对各行业的读者提供一个相对友好的介绍。由于时间仓促和作者对这一领域的理解有限，本书还有很多不够通俗和准确的地方，请各位同行和读者多提宝贵意见，以便我们提高。

书中的相关案例采用了武汉理工大学吴斌教授团队、中国地震局工程力学研究所戴君武研究员团队和王涛研究员团队的相关研究成果，在此表示衷心感谢。同时感谢中国建筑工业出版社刘瑞霞主任、中国地震局发展研究中心董青主任为本书出版付出的辛勤工作。

本书从构思、写作到出版历时一年多，过程中广州大学门诊部李慧博士提供了很多的中肯建议，见证了本书的孕育和诞生。感谢武汉理工大学吴斌教授、王贞教授和中国地震局工程力学研究所曲哲研究员对本书写作的建议。本书写作过程中武汉理工大学郭雨和郑浩东，广州大学张家骏、杨奎、郑晓君、郑旭升、张建文、陈彧偲、寻澳、彭自韬、曾云海、梁正阳和王贤恩参与了书稿的修改、写作和图的绘制，在此表示深深的感谢。本书邀请广州大学彭伟均、马心怡等同学绘制了生动的插图，增添了图书趣味性，感谢他们的帮助。本书添加的动画由幕维影视文化传媒（广东省）有限公司提供，一并表示感谢！